# やったね!すごい!シール

1問終わったら,「よくやったね! シート」に1まいずつはろう。

おめでとう!

▲ 35問目が
終わったらはろう!

▲ 70問目が
終わったらはろう!

小学 **4** 年生めやす

## キャラクターシール

このドリルに出てくるみんなの
シールだよ。じゆうにつかってね。

# この ドリルの 使い方

このドリルには，楽しく解ける算数・数学の問題がたくさんつまっているよ。
このドリルを解いてみて，自分のあたまで考えるチャレンジをしてみよう。

きみの
3つの力を
のばす！

よみとき
（読解力）

なぞとき
（論理力）

ひらめき
（発想力）

## 2ステップ 70問

### すこしやさしめ～ふつうレベル

ステップ1（練習問題35問）は，きみの考える力の土台をつくるんだ

新しくつくられた問題だよ

かんがえるん（ふくろう）と
ひらめきん（うさぎ）が出すヒントを
読んで，解いてみよう。

### すこしむずかしめレベル

ステップ2（過去問35問）は，より深く考えることが必要な問題だよ

実際に算数・数学思考力検定8級で出された問題なんだ

問題文をよく読んでチャレンジ！
自分のペースでやってみよう

このドリルはみんなの
考える力を伸ばすよ

できたら，おうちの人に
答え合わせをしてもらおう！

全部で70問の問題が
のっているんだよ

ドリルのはじめには，「やったね！
すごい！シール」がついているよ

解きおわったら，
このドリルの後ろにある，「よくやったね！シート」にシールをはろう

70問できたらおめでとう！
きみの考える力は超レベルアップ。
いっしょにがんばろう！

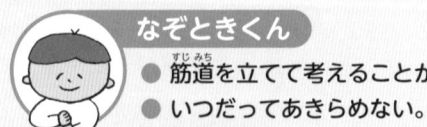

### よみときちゃん
● 情報、条件を読み解くことが得意な女の子。
● いつも元気いっぱい!

### なぞときくん
● 筋道を立てて考えることが大好きな男の子。
● いつだってあきらめない。

### ひらめきん
● 物の形をイメージすることが大好きなうさぎ。
● いつも笑顔のやさしい子。

### かんがえるん
● 自分のあたまで考えることができるふくろう。
● こまったときにそっと助けてくれるよ。

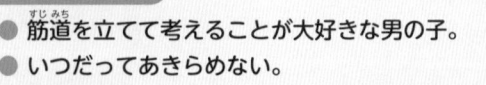
## いっしょにがんばるお友だち
このドリルにたくさん出てくるお友だちだよ。
いっしょにがんばろう!

すうりょうきゃっと　かたちいぬ　へんかとまと

ばななでぃー　ろんりぃー　しこうりき

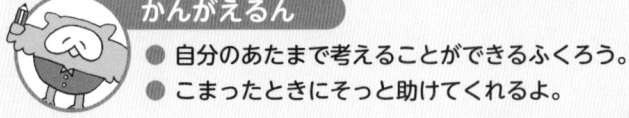
# もくじ

# 1 おつりが出ないねだん

数 算数内容 情 思考力

姉は500円玉を1まい，100円玉を1まい，10円玉を1まい，5円玉を2まい持っており，妹は100円玉を1まい，50円玉を2まい，10円玉を1まい，1円玉を3まい持っています。姉と妹がお金を出しあって，おつりが出ないように買えるもののねだんを次の㋐〜㋔の中から1つ選びなさい。

㋐ 542円

㋑ 686円

㋒ 782円

㋓ 829円

㋔ 911円

> おつりが出ないから，持っているお金だけで買うんだね。

**答え**

_____

# 2 長さを求めよう！

空 算数内容　形 思考力

下の図は，大きい長方形を，あ，い，う，えの４つの小さい長方形に分けた
ものです。

あの長方形とえの長方形の周りの長さが同じとき，□に入る数を求めなさい。

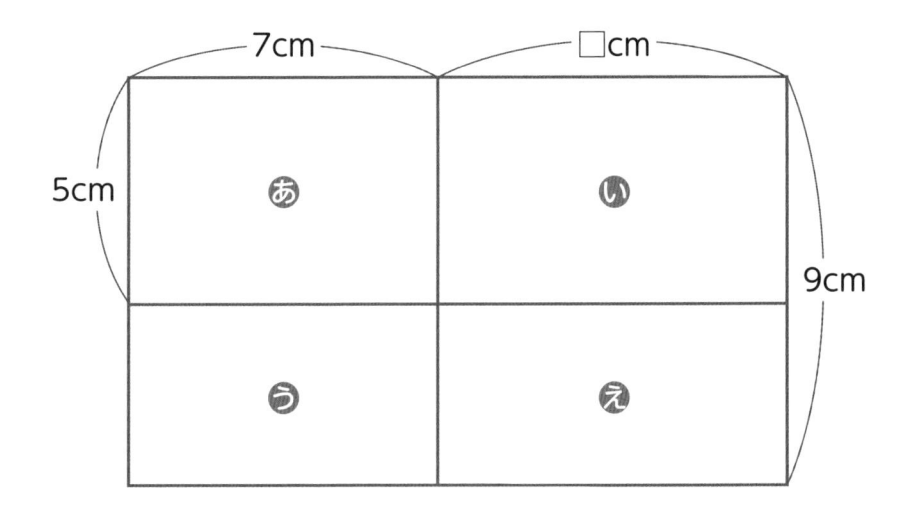

あの周りの長さと
えのたての長さが
わかるといいね。

答え

_____

# 3 9まいのカード

数 算数内容 情 思考力

次の図のように，1から9までの数を書いたカードが1まいずつあります。
この9まいのカードの数を，下の9つの ☐ に書き入れて，正しい式になる
ようにしなさい。ただし，カードの数は1回ずつしか使えません。
答えが何通りか考えられる場合は，1通りだけ答えなさい。

| 1 | 2 | 3 | 4 | 5 | 6 | 7 | 8 | 9 |

▼下にかき入れましょう

$$\boxed{\phantom{0}} + \boxed{\phantom{0}} + \boxed{\phantom{0}} = 8$$

$$\boxed{\phantom{0}} + \boxed{\phantom{0}} + \boxed{\phantom{0}} = 16$$

$$\boxed{\phantom{0}} + \boxed{\phantom{0}} + \boxed{\phantom{0}} = 21$$

いちばん上の
式から
考えてみよう。

# 4 じゃんけん

デ 算数内容　　情 思考力

そらさん，なおきさん，ひさとさんの3人がじゃんけんをしました。3回じゃんけんをして3人とも1回ずつ勝ったそうです。

下の表は，3人がグー，チョキ，パーのどれを出したかをまとめたものです。表のあいているところに，グー，チョキ，パーのどれかを書き入れなさい。ただし，1回のじゃんけんでは，1人だけ勝つ場合と2人が勝つ場合とあいこになる場合があります。

答えが何通りか考えられる場合は，1通りだけ答えなさい。

▼表にかき入れましょう

| 名前 | 1回目 | 2回目 | 3回目 | 勝った数（回） |
|---|---|---|---|---|
| そらさん | | チョキ | パー | 1 |
| なおきさん | パー | チョキ | | 1 |
| ひさとさん | グー | | パー | 1 |

そらさんの
1回目から
考えよう。

# 5 かっているペット

論 算数内容 筋 思考力

ゆきえさん，のりこさん，はじめさん，たいちさんの4人は，1ぴきずつねこをかっています。ねこの名前は，クロ，マロン，タマ，モモです。
次のヒントから，4人がかっているねこの名前をそれぞれ答えなさい。

### ヒント

① ゆきえさんとのりこさんがかっているねこは，タマでもモモでもありません。

② はじめさんがかっているねこは，クロかモモです。

③ のりこさんがかっているねこは，クロではありません。

ヒントをまとめた
表をかいてみよう。
たて4マス
横4マスになるよ。

### 答え

| ゆきえ…さん | のりこ…さん | はじめ…さん | たいち…さん |
|---|---|---|---|

さいころの形をした積み木をすきまなく積み上げました。その図形を真上，正面，右の３つの方向から見ました。
すると，見えた図は次のようになりました。このとき，下の問いに答えなさい。

真上から見た図　　　　　　正面から見た図　　　　　　右から見た図

(1) 積み木は何こ積み上げましたか。

(2) 積み木を１こ取りのぞいて，その図形を真上，正面，右の３つの方向から見ました。このとき，真上から見た図と右から見た図は上と同じで，正面から見た図だけ変わりました。このとき，正面から見た図をかきましょう。

答え

(1)　　　　　　　　　(2)

# 7 きまりを見つけよう！

数 算数内容　情 思考力

次の(1)～(3)は，それぞれあるきまりにしたがって数がならんでいます。□にあてはまる数を書きなさい。

(1) 1，5，9，13，□，21，…

(2) 3，6，12，24，□，96，192，…

(3) 50，49，47，44，40，□，29，22，…

それぞれ
数はどのように
変わっていくかな？

答え

(1)　　　　　　　(2)　　　　　　　(3)

# 8 箱の形

空 算数内容 形 思考力

ねん土玉とひごを使って，箱の形を完成させたいと思います。
次の図は，と中まで作成したじょうたいです。
このとき，下の問いに答えなさい。

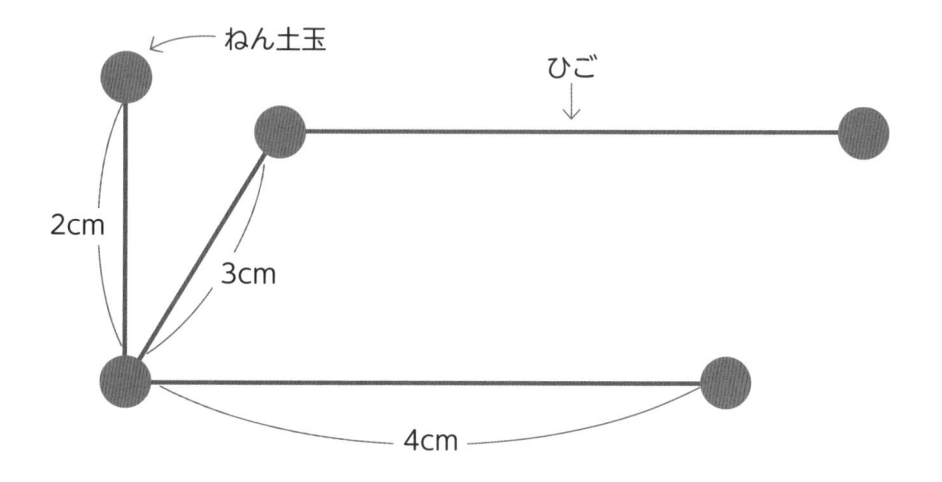

ねん土玉

ひご

2cm

3cm

4cm

(1) ねん土玉はあと何こいりますか。

(2) ひごはあと何cmいりますか。

(3) 上の箱の形を完成させて，もう1つこの箱と同じ形の箱ができるねん土
玉とひごの組はどれですか。下の㋐～㋓から1つ選び，記号で答えなさい。
ただし，ねん土玉とひごがあまってもよいものとし，ひごは切ることも
つなげることもできません。

㋐ ねん土玉：12こ　ひご：2cm…8本，3cm…6本，4cm…7本
㋑ ねん土玉：11こ　ひご：2cm…7本，3cm…8本，4cm…6本
㋒ ねん土玉：10こ　ひご：2cm…8本，3cm…7本，4cm…7本
㋓ ねん土玉：12こ　ひご：2cm…6本，3cm…7本，4cm…8本

## 答え

| (1) | (2) | (3) |
|-----|-----|-----|
|     |     |     |

# 9 数を入れていこう！

変 算数内容 情 思考力

右の図のような板がたくさんあり，あるきそくにした
がって，4つずつ数字を書いていきます。
このとき，下の問いに答えなさい。

| 1 | 2 |
|---|---|
| 3 | 4 |

1まい目

| 5 | 6 |
|---|---|
| 7 | 8 |

2まい目

| 9 | 10 |
|---|---|
| 11 | 12 |

3まい目

| 13 | 14 |
|---|---|
| 15 | 16 |

4まい目

...

(1) 123は何まい目の板に書かれていますか。

(2) 書かれている4つの数の和が970となるのは，何まい目の板ですか。

## 答え

(1) _____ (2) _____

# 10 重なった折り紙

空 算数内容　　形 思考力

下の図は，同じ大きさの5まいの折り紙を，1まいずつ重ねていったものです。❶の折り紙と❷の折り紙の重ねていった順番を入れかえるとどのようになりますか。

次の㋐〜㋔の中から1つ選びなさい。

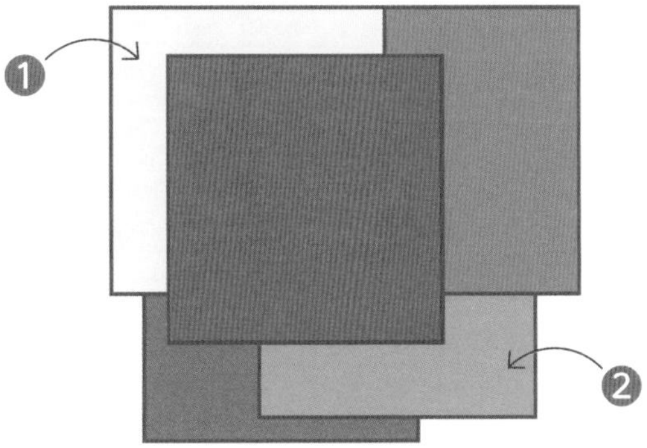

❶

❷

㋐

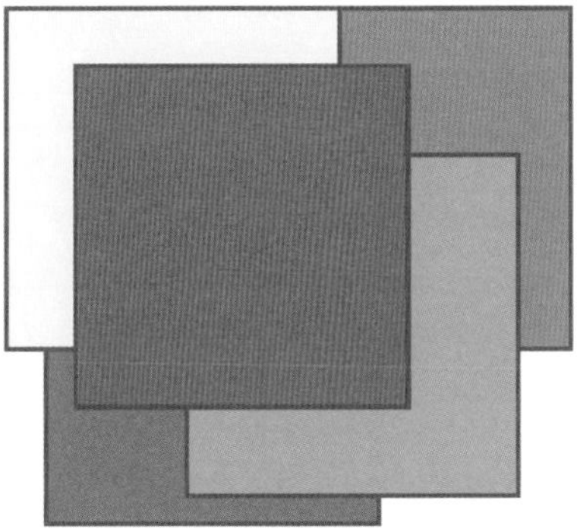

㋑

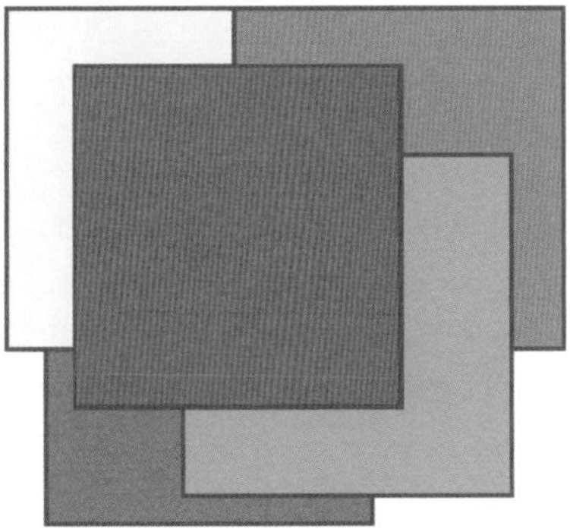

㋒

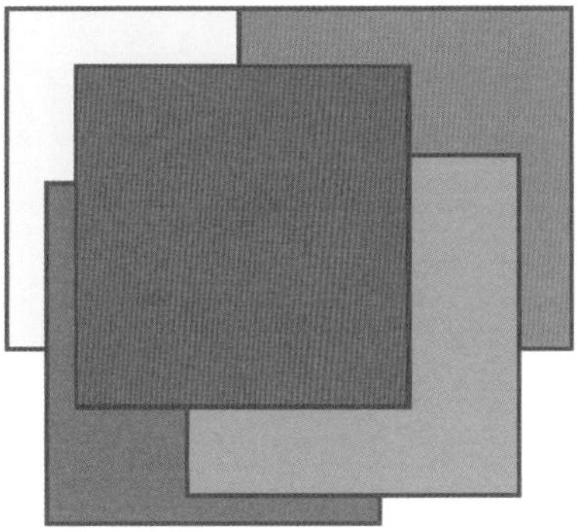

㋓

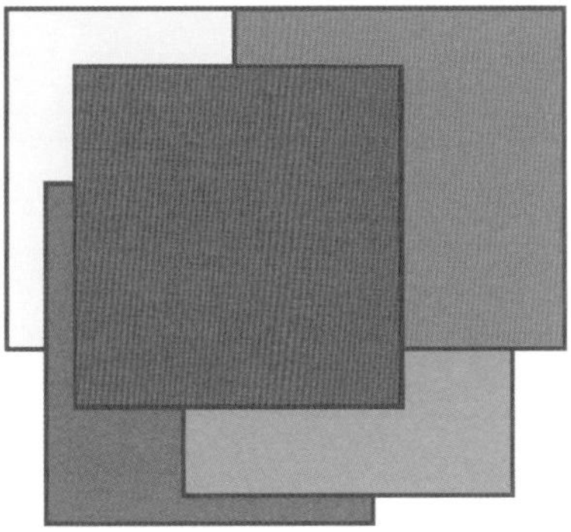

答え

# 11 本の数とぼうグラフ

デ 算数内容　情 思考力

いおりさん，なおきさん，のりかさん，まきさん，りくとさんの5人が，ある週の月曜日から金曜日までの5日間で図書室から借りた本の数をぼうグラフにかきました。

次の❶〜❸のヒントを読んで，ぼうグラフの㋐〜㋔はだれか，それぞれ名前を答えなさい。

**ヒント**

❶ いおりさんは，なおきさんより2さつ多く借りた。

❷ りくとさんとなおきさんの借りた本の数のちがいは4さつ。

❸ まきさんは，のりかさんより7さつ多く借りた。

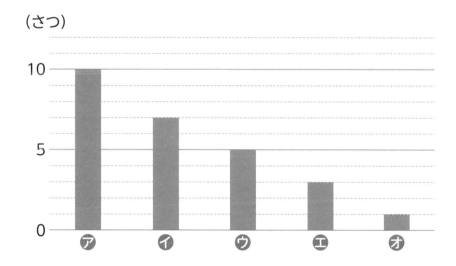

**答え**

㋐　　　　　　　㋑　　　　　　　㋒　　　　　　　㋓　　　　　　　㋔

次の図のような正方形の紙を4つの形に分けたいと思います。

次の⑦～⑦の3種類の形をすべて使い，そのうちの1種類の形は2つ使うように分けるとき，分け方をかきましょう。

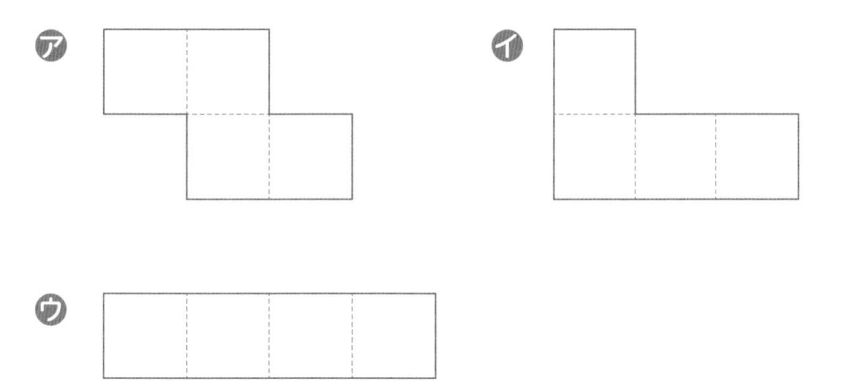

答え

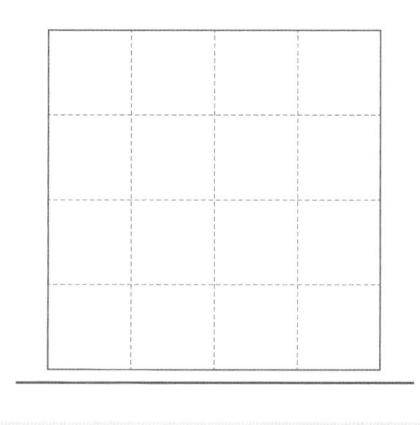

2つ使う形が
わかれば
解けるよ。

## ステップ1 練習問題
# 13 重さくらべ

論 算数内容　　筋 思考力

ア〜エの重さのちがう4つのおもりがあります。

てんびんの左右の皿に，それぞれおもりをのせて，重さくらべをすると，下の①〜④のようになりました。

重い順(じゅん)に，ア〜エの記号を書きなさい。ただし，てんびんは，重いほうが下がります。

①

②

③

④

答え

　　　　→　　　　→　　　　→

次の□に1，2，3の数をそれぞれ3つずつ使って入れて，❶〜❺の式がすべて正しくなるようにしなさい。

▼下にかき入れましょう

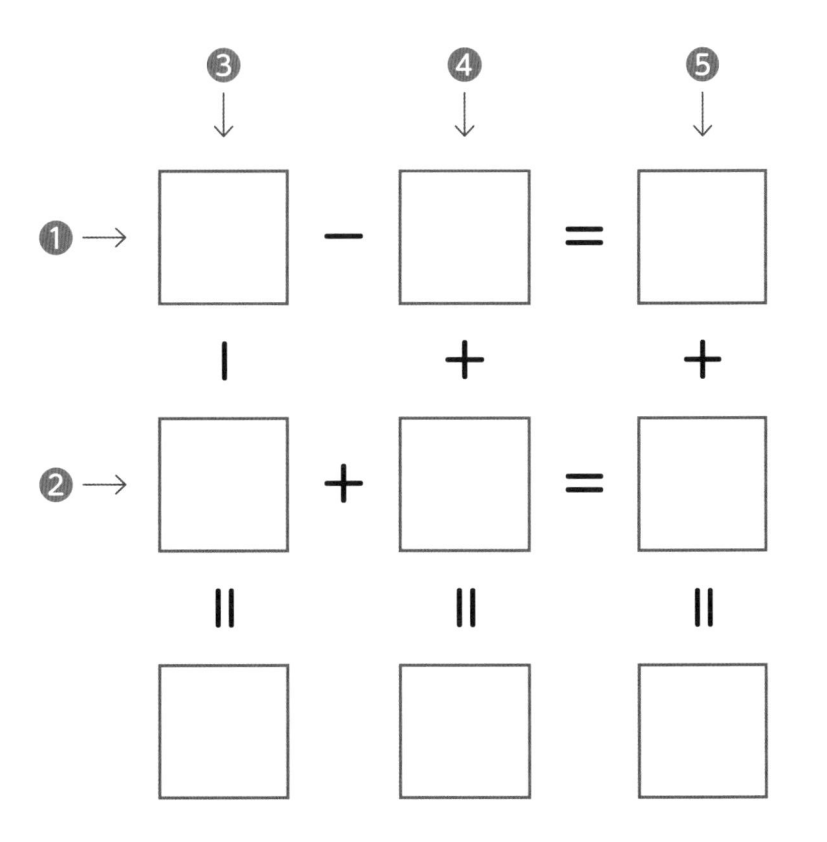

❷の式と
❺の式から
考えてみると
いいかも。

# 15 大きさくらべ

空 算数内容 形 思考力

次のような，㋐〜㋓の色板があります。大きい（広い）ものから順に記号で
答えなさい。

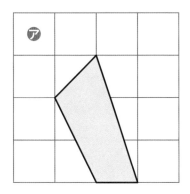
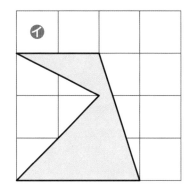

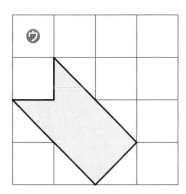
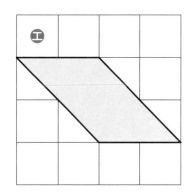

**答え**

→ → →

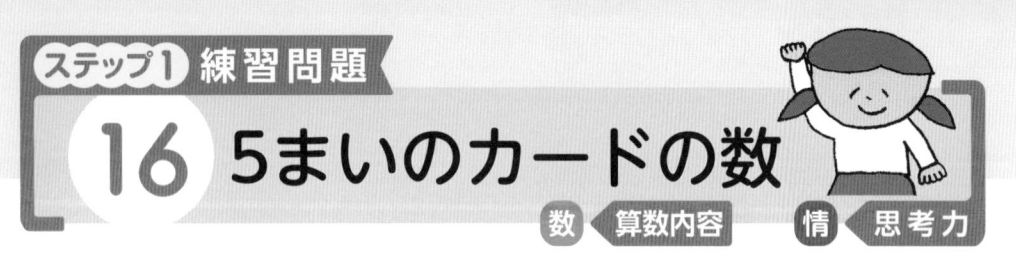

㋐～㋔の5まいのカードがあり，うらには1から9までのどれか1つの数が書かれています。また，㋐～㋔に書かれた数はすべてちがいます。下の❶～❸のヒントを読んで，㋐～㋔のカードのうらに書かれた数を求めなさい。

**ヒント**

❶ ㋐に書かれた数は㋑に書かれた数でわると㋒になります。

❷ ㋑に書かれた数と㋓に書かれた数をかけると，㋔に書かれた数になります。

❸ ㋐に書かれた数から㋔に書かれた数をひくと，㋑に書かれた数になります。

ヒント❶は
㋐÷㋑＝㋒
になるよ。

**答え**

| ㋐ | ㋑ | ㋒ | ㋓ | ㋔ |

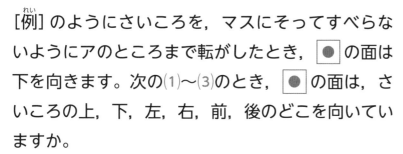

# ステップ1 練習問題

## 17 さいころの面の向き

空 算数内容 形 思考力

[例]のようにさいころを，マスにそってすべらないようにアのところまで転がしたとき，●の面は下を向きます。次の(1)～(3)のとき，●の面は，さいころの上，下，左，右，前，後のどこを向いていますか。

さいころの面の向き

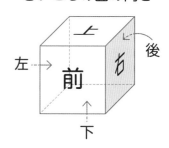

[例]

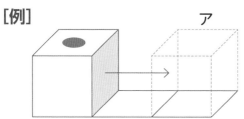

(1)

(2)

(3)

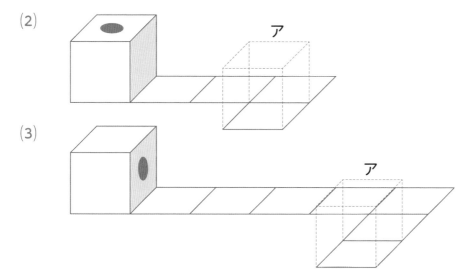

## 答え

(1)　　　　　　　(2)　　　　　　　(3)

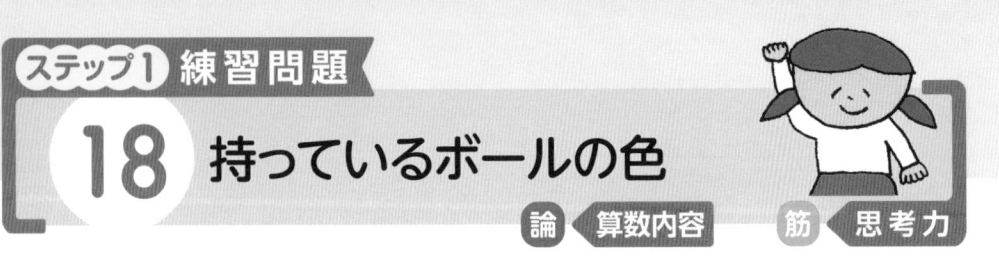

# 18 持っているボールの色

論 算数内容　筋 思考力

さくやさん，しほさん，こうじさん，のりとさんの4人がいます。4人はそれぞれ白色，赤色，青色，黄色のボールを1つずつ持っています。

次のヒントを読んで，さくやさん，しほさん，こうじさん，のりとさんがそれぞれ持っているボールの色を答えなさい。

### ヒント

さくや　「私の持っているボールの色は，黄色ではないよ。あと白色のボールを持っている人は，私かのりとさんだよ。」

のりと　「私の持っているボールの色は，青色ではないよ。」

こうじ　「しほさんの持っているボールの色は，白色か赤色だね。」

し　ほ　「こうじさんが持っているボールの色は，赤色でも青色でもないよ。」

ヒントを読んで
たて4マス
横4マスの
表を作ってみよう。

答え

さくやさん…　　　　しほさん…　　　　こうじさん…　　　　のりとさん…

## ステップ1 練習問題

# 19 正方形の紙

空〉算数内容　形〉思考力

(1) 正方形の紙を，次の図の❶→❷→❸のように折り目で折って，の部分をはさみで切り取ります。この紙を開くと，どこが切り取られていますか。

切り取られた部分をななめの線（のように）で表しなさい。

▼❶にかき入れましょう

❶　❷　❸

(2) 正方形の紙を，次の図の❶→❷→❸のように折り目で折って，ある部分をはさみで切り取ります。この紙を開くと，❹のようになりました。

❸で切り取った部分をななめの線（のように）で表しなさい。

▼❸にかき入れましょう

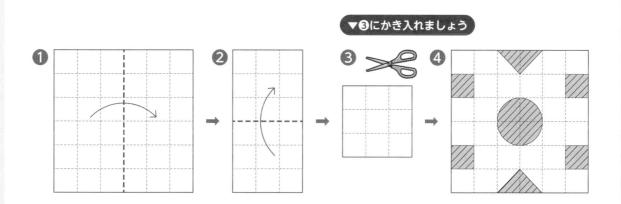

## 20 クラスには何人いるかな?

デ 算数内容　情 思考力

あるクラスで犬とねこをかっているかどうかのアンケートをとると，次のようになりました。

**アンケート結果**

● 犬をかっている人は9人いて，ねこをかっている人は8人います。

● 犬もねこもかっていない人の人数は，どちらもかっている人の人数の5倍です。

● 犬はかっているがねこはかっていない人の人数は，どちらもかっている人の人数の2倍です。

このクラスはみんなで何人いますか。なお，下の表を利用して考えてもよいです。

|  | | ねこをかっていますか? | | |
|---|---|---|---|---|
|  | | はい | いいえ | 合計 |
| 犬をかっていますか? | はい | | | |
| | いいえ | | | |
| 合計 | | | | |

アンケート結果を
表にしよう!

**答え**

# 21 周りの長さ

空 | 算数内容 | 形 | 思考力

右の長方形を4まいずつつないで，下のア〜エの形をつくりました。ア〜エの中で，周りの長さがいちばん長いものはどれですか。また，その長さは何cmですか。

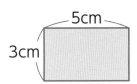

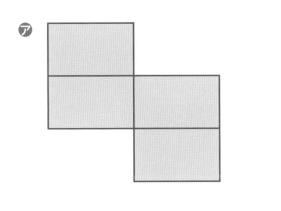

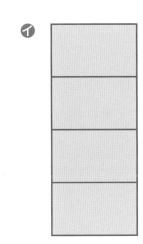

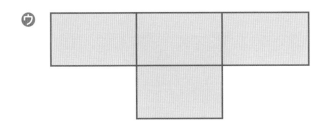

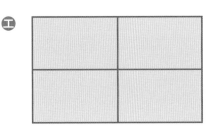

ア〜エにたてと横の辺はいくつあるかな？

## 答え

# 22 かけ算の答え

数 算数内容　情 思考力

次の❶，❷の式の㋐～㋓に，2，3，4，5の数字をそれぞれ1つずつ入れて計算します。

ただし，同じカタカナには，同じ数字が入ります。

❶ ㋐ × ㋑ × ㋒ × ㋒ = ■

❷ ㋐ × ㋑ × ㋑ × ㋑ × ㋒ × ㋓ = ▲

次の問いに答えなさい。

(1) ❶の式の答えの■のうち，いちばん小さいものはいくつになりますか。

(2) ❶の式の答えの■と❷の式の答えの▲について，■×▲という計算をしました。この計算の答えがいちばん大きくなるのは㋐，㋑，㋒，㋓にどの数字を入れたときですか。

■ × ▲ を
㋐, ㋑, ㋒, ㋓で
表すと？

**答え**

| (1) | (2) ㋐ | ㋑ | ㋒ | ㋓ |
|-----|--------|----|----|----|

## 23 機械の働き

変 算数内容 情 思考力

次の㋐, ㋑, ㋒の機械は, ある数をたしたり, ある数をひいたり, ある数を
かけたり, ある数でわったりする働きのうち, どれか1つをします。(入れ
る数) と (出てくる数) から機械の働きを見つけ, □ にあてはまる数を答え
なさい。

(1)

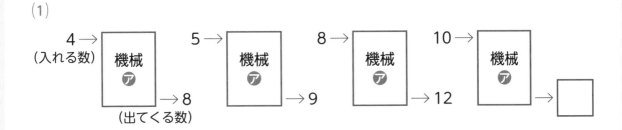

(2)

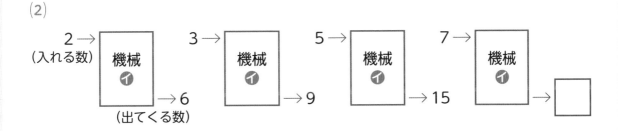

(3)

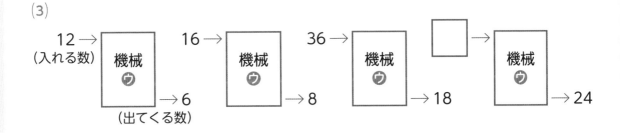

**答え**

(1) _____ (2) _____ (3) _____

## ステップ1 練習問題
## 24 リレーの順位

論 算数内容　筋 思考力

運動会で，A組，B組，C組，D組の4つのクラスでリレー競走をします。あきらさん，けんたさん，みかさんの3人は，2クラスの順位の予想をし，それぞれ1クラスずつ当たりました。

　　あきら　「1位はA組，2位はB組になる。」

　　けんた　「2位はD組，3位はA組になる。」

　　みか　　「1位はD組，2位はC組になる。」

1位，2位，3位はどの組でしたか。

まず，
あきらさんの予想のうち，
「1位はA組」が
当たったときから
考えて，
クラスと順位の関係を
表にまとめよう。

## 答え

1位…　　　　　　　2位…　　　　　　　3位…

# 25 1～9の数字を入れよう

数 算数内容　情 思考力

下の式がすべて正しくなるように，ア～ケに1～9の中からちがう数字を1つずつ入れます。ア～ケにあてはまる数字を答えなさい。

$$\boxed{ア} \div \boxed{イ} = \boxed{ウ}$$

$$\boxed{エ} \div \boxed{オ} = \boxed{オ}$$

$$\boxed{ウ} - \boxed{オ} = \boxed{カ}$$

$$\boxed{キ} \div \boxed{オ} + \boxed{ク} = \boxed{ケ}$$

## 答え

| ア | イ | ウ | エ | オ |
|---|---|---|---|---|
|   |   |   |   |   |

| カ | キ | ク | ケ |
|---|---|---|---|
|   |   |   |   |

下の図のように，6つの面に1〜6の数が1つずつ書かれたさいころがあり，いま，5の面が上になっています。さいころをマスの上をすべらないように転がしていき，マスにふれた面の数字は，1，5，4となりました。

このとき，次の問いに答えなさい。ただし，さいころの向かい合った面の数をたすと，どれも7になります。

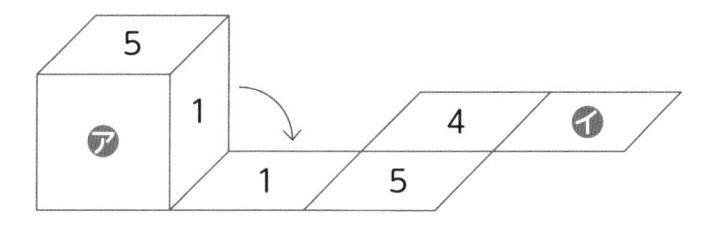

(1) ㋐の面に書かれた数字は1〜6のうち何ですか。

(2) マスの㋑のところまでさいころを転がしたとき，マスにふれた面の数字は1〜6のうち何ですか。

わからなかったら，
図をかいて
転がしていくと
どうなるか考えよう。

答え

(1) _____ (2) _____

# 27 ズボンと手ぶくろ

論 算数内容　筋 思考力

あきさん，のどかさん，ももかさんのはいているズボンの色は3人ともちがい，また，はめている手ぶくろの色も3人ともちがいます。ズボンと手ぶくろの色は □ の中のようになっています。下の3人の話から，それぞれのズボンの色と，手ぶくろの色を答えなさい。

---

3人のズボンの色　…白，赤，緑

3人の手ぶくろの色…白，赤，黄

---

あ　き　「ズボンの色と手ぶくろの色が同じ色の人が1人いるわ。」

のどか　「わたしは緑のズボンをはいていないわ。あきさんは白い手ぶくろをはめていないわ。」

ももか　「のどかさんは白いズボンをはいていないし，赤い手ぶくろもはめていないわ。」

3人の話を
表に
まとめよう！

**答え**

| | ズボンの色 | 手ぶくろの色 |
|---|---|---|
| あきさん | | |
| のどかさん | | |
| ももかさん | | |

# 28 カレンダーと時計

デ〈算数内容　情〈思考力

ある日の夜に，まいかさんがカレンダーと時計を見ると，図1のようになっていました。

図1

このとき，次の問いに答えなさい。

(1) 図1のときから数日後の昼ごろにまいかさんがカレンダーと時計を見ると，図2のようになっていました。
何時間たちましたか。

図2

(2) 図1のときから200時間後はいつになりますか。下の例のように答えなさい。
（例）　6月8日（水）午前3時

**答え**

(1)　　　　　　　　　(2)

# 29 重い順にならべよう！

赤玉，青玉，白玉，黒玉の４つの色の玉があります。同じ色の玉の重さはすべて同じです。

次の❶〜❸のヒントを読んで，４つの玉を重い順（じゅん）に書きなさい。

### ヒント

❶ ２つの白玉は，１つの赤玉と１つの青玉をたしたのと同じ重さです。

❷ １つの赤玉は，２つの青玉と同じ重さです。

❸ ２つの赤玉は，３つの黒玉と同じ重さです。

> ヒント❷から
> 青玉より赤玉のほうが
> 重いことがわかるね。

 答え

____ → ____ → ____ →

_____

# 30 さいころの形をしたねん土

空 算数内容 形 思考力

右の図1のように，さいころの形をしたねん土を，4つの黒い点を通るように，カッターでまっすぐ切ります。切った部分を見ると，図2のような形になっています。
同じように，次の①〜③について切った部分を見たものとして，正しい形を下の⑦〜⑦の中から1つずつ選び，記号で答えなさい。
ただし，ちょう点でない黒い点は，辺のまん中にあります。

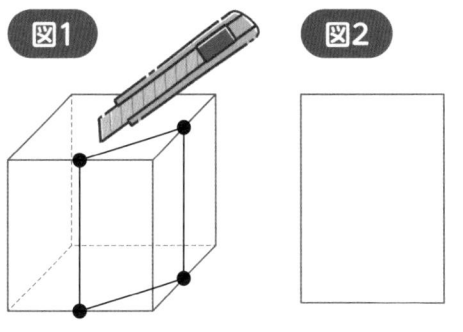

図1　図2

① ② ③

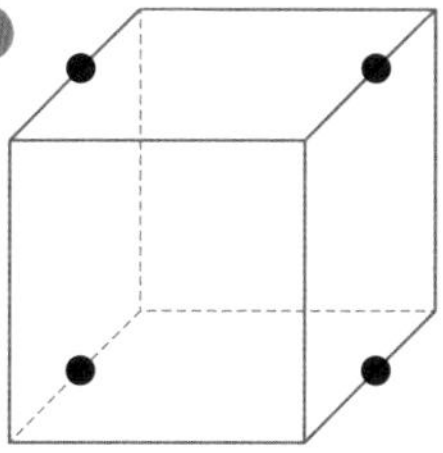

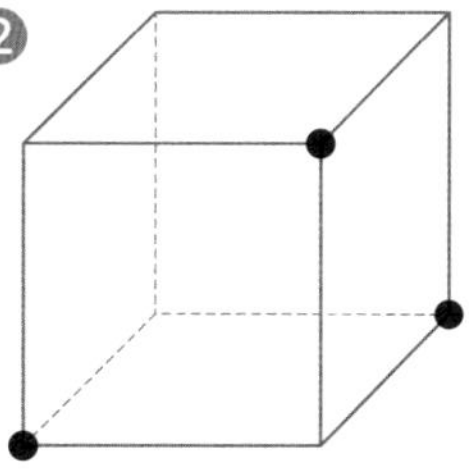

⑦ ⑦ ⑦ ⑦

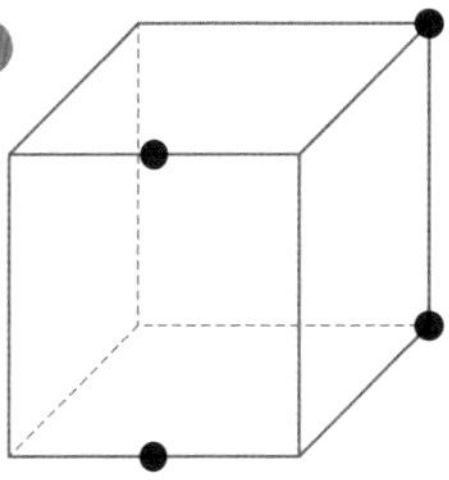

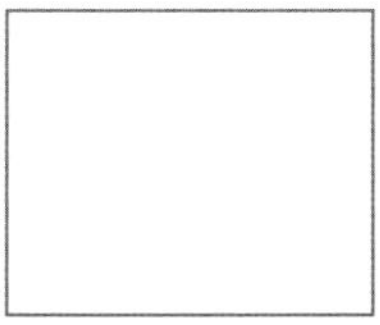

⑦ ⑦ ⑦ ⑦

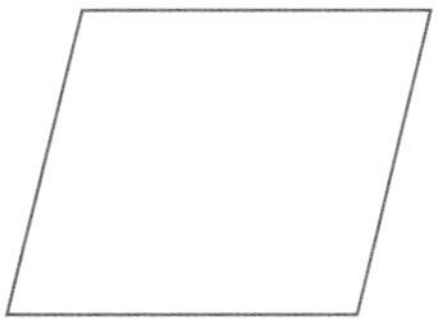

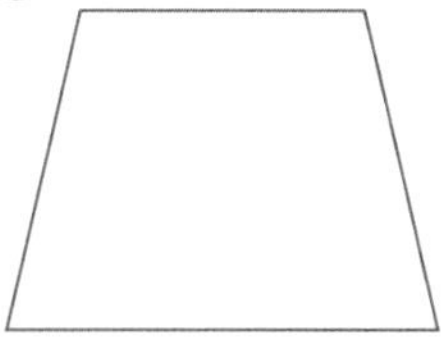

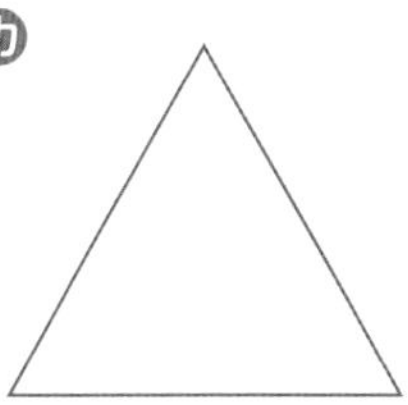

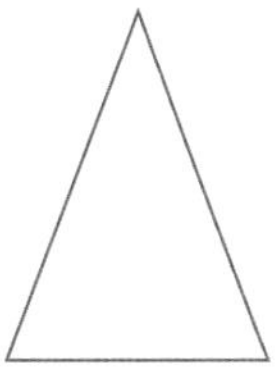

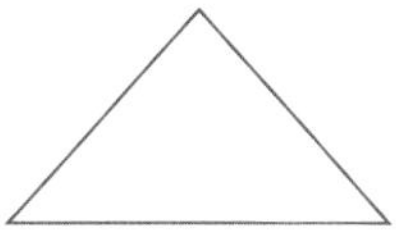

答え

① ② ③

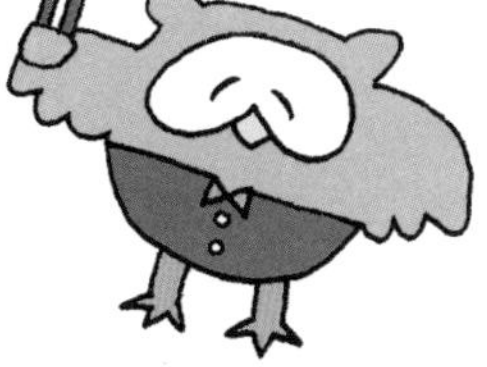

# 31 2つの機械

変 算数内容　情 思考力

次の機械Ａと機械Ｂは，ある数をたしたり，ある数をひいたり，ある数をか
けたり，ある数でわったりする働きのうち，どれか１つをします。

機械Ａに数を入れ，出てくる数を機械Ｂに入れたら下のようになりました。

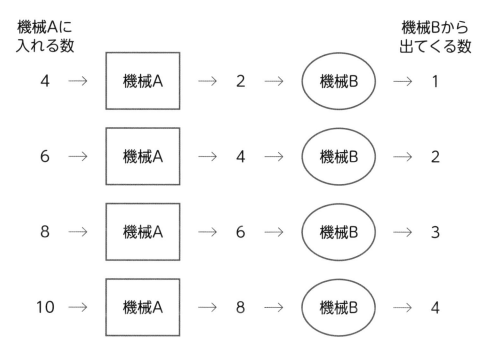

このとき，次の問いに答えなさい。

(1) 機械Ａに16を入れると，機械Ｂから出てくる数は何ですか。

(2) ある数を機械Ａに入れると，機械Ｂから出てきた数は20でした。このと
き，機械Ａに入れた数は何ですか。

(3) ある数を機械Ａに入れると，機械Ｂから出てきた数は機械Ａに入れた数
より13だけ小さい数でした。このとき，機械Ａに入れた数は何ですか。

## 答え

(1)　　　　　　　　　　(2)　　　　　　　　　　(3)

## 32 同じ広さのものはどれかな？

空 算数内容 形 思考力

次の図の色をつけた部分と同じ広さのものを，下のア〜エの中からすべて選び，記号で答えなさい。

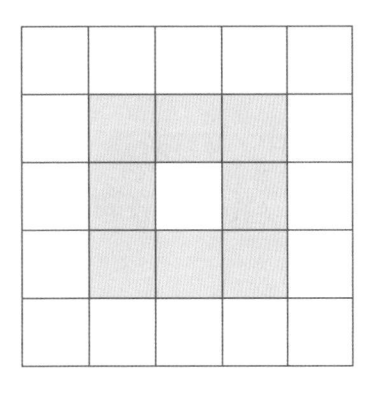

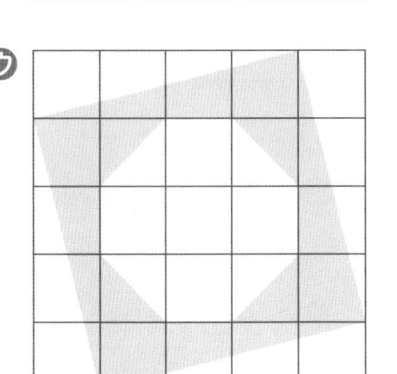

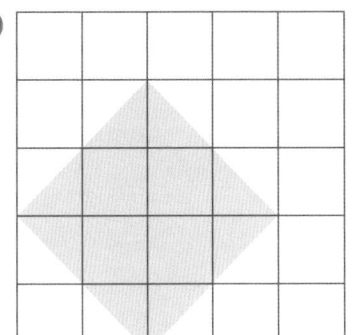

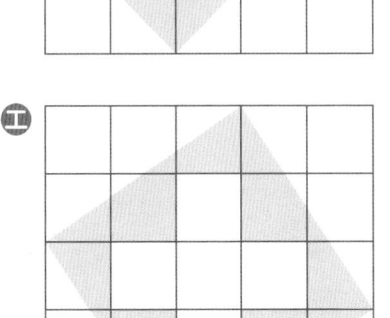

答え

# 33 8万に近い数

数 ▸ 算数内容　情 ▸ 思考力

0，1，2，3，4，5，6，7，8，9の10この数字から5こを選んで，5けたの数をつくります。

このとき，次の問いに答えなさい。ただし，それぞれの数字は1回しか使えません。

(1) いちばん大きい数をつくりなさい。

(2) 8万より大きくて，8万にいちばん近い数をつくりなさい。

(3) 8万より小さくて，8万にいちばん近い数をつくりなさい。

8万に近い数は
一万の位に
なる数から
順に考えよう。

## 答え

| (1) | (2) | (3) |
|-----|-----|-----|

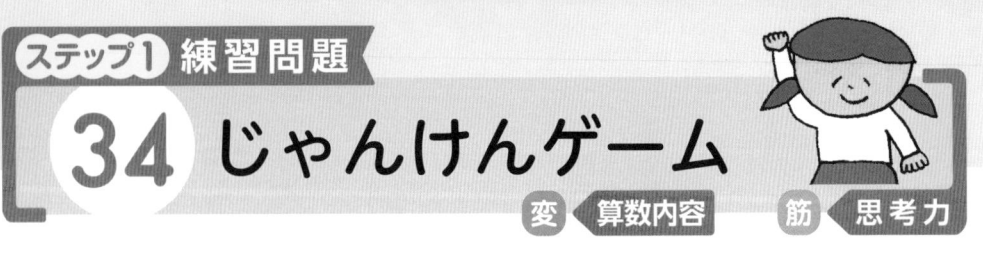

かいとさんとりかさんは，次のようなルールでじゃんけんをしました。

**ルール**

| グーで勝つ | → | 4点もらえる |
| グーで負ける | → | 3点ひかれる |
| チョキで勝つ | → | 5点もらえる |
| チョキで負ける | → | 2点ひかれる |
| パーで勝つ | → | 3点もらえる |
| パーで負ける | → | 1点ひかれる |

はじめに2人が10点ずつ持っていて，3回じゃんけんをしました。かいとさんは，グーで2回勝ち，3回のじゃんけんをしたあとの点数は16点でした。3回のじゃんけんをしたあと，りかさんは何点持っていますか。ただし，あいこ（引き分け）はないものとします。

りかさんは何を出して，
勝ち負けは
どうだったのかな？

**答え**

## 35 長方形の周りの長さ

空 算数内容 形 思考力

同じ大きさの長方形の紙3枚を，次の図のようにならべると，大きな長方形になりました。この大きな長方形の周りの長さが30cmのとき，もとの長方形の紙の周りの長さは何cmですか。

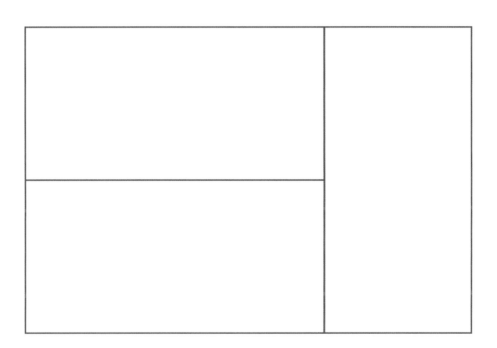

> もとの長方形の
> 横の長さは
> たての長さ2つ分だね。

答え

# 36 3種類のおもり

デ 算数内容　筋 思考力

次の図のように，●，▲，■の3種類のおもりをのせて，重さをくらべたところ，ちょうどつり合いました。(1)，(2)の◯◯◯にあてはまるおもりを，下の◯◯◯の㋐～㋕の中からそれぞれ1つずつ選び，記号で答えなさい。

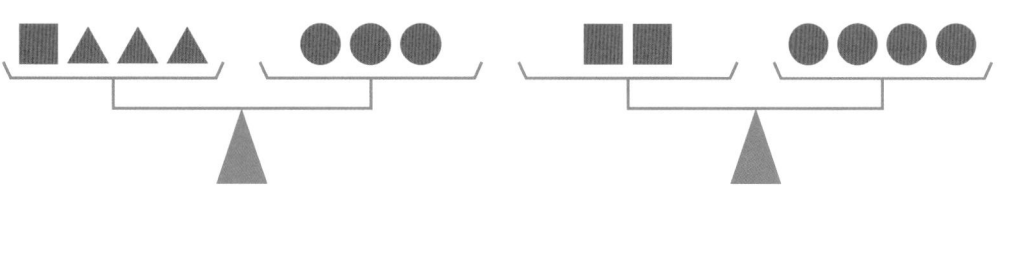

(1)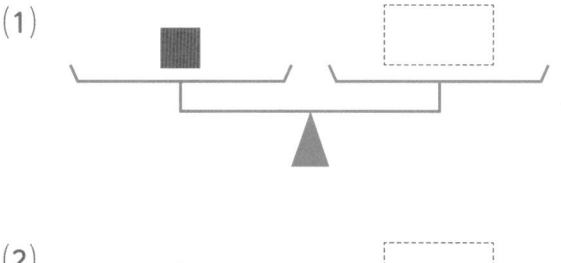

(2)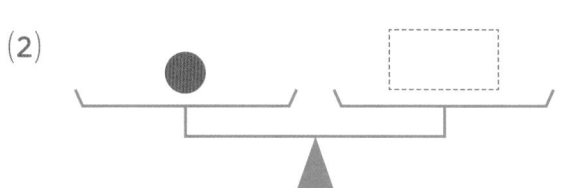

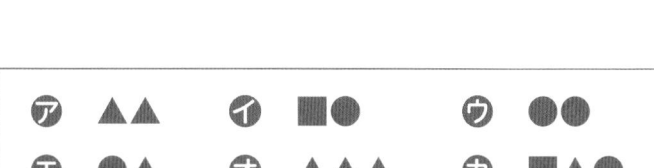
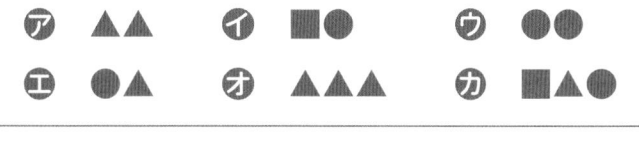

㋐ ▲▲　㋑ ■●　㋒ ●●
㋓ ●▲　㋔ ▲▲▲　㋕ ■▲●

## 答え

(1) _____　(2) _____

# 37 組み立てよう

空 算数内容 形 思考力

組み立てると，右の絵のようなさいころの形
になるのはどれですか。
下の**あ**〜**え**の中から1つ選びなさい。

**あ**

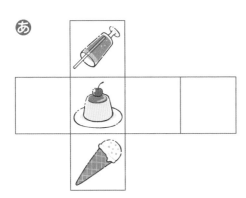

**い**

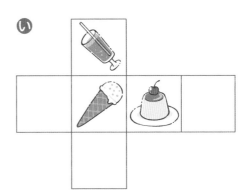

**う**

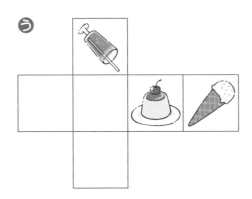

**え**

1つのちょうてんに
3つの面が
集まるのは
どれかな？

**答え**

# 38 数の問題

数 算数内容　情 思考力

次の問いに答えなさい。

(1) 2つの数をかけて，44をたすと100になります。2つの数のうちの1つが7のとき，もう1つの数を求めなさい。

(2) 例えば，2つの連続した数3，4の和は，3＋4＝7です。2つの連続した数の和が195のとき，この2つの数を求めなさい。

(3) 例えば，3つの連続した数5，6，7の和は，5＋6＋7＝18です。3つの連続した数の和が57のとき，この3つの数を求めなさい。

3つの連続した数の
真ん中の数を
3倍したら
3つの連続した数の和
になるよ。

## 答え

| (1) | (2) | (3) |
| --- | --- | --- |

# 39 バスケットボールの試合

論 算数内容　筋 思考力

ユニフォームの色が, 黒, 青, 白, 赤, 黄, 緑の6チームがバスケットボールの勝ちぬき戦をしました。

下の表は, その結果で, 表の太い線は勝ち進んだチームを表しています。

それぞれのチームの勝ち負けについて, 次の❶〜❹のことがわかっています。

**わかっていること**

❶ 白は黒に勝った。　　❷ 赤は青に勝った。

❸ 赤は黒に負けた。　　❹ 白は2回戦で緑に勝った。

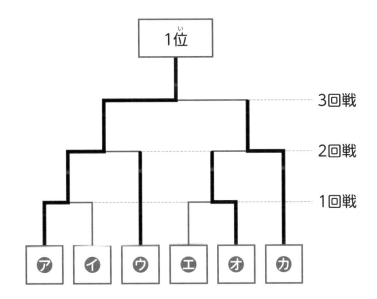

次の問いに答えなさい。

(1) 1位と2位のユニフォームの色を書きなさい。

(2) 1度も勝てなかったチームのユニフォームの色をすべて書きなさい。

**答え**

(1) 1位のユニフォームの色…

　　2位のユニフォームの色…　　　　　　　　(2)

# 40 もとの長方形の周りの長さ

空 算数内容 形 思考力

大きな長方形の紙を図のように折ると，紙が重なっていないところはたてが3cm，横が2cmの長方形になりました。

もとの大きな長方形の周りの長さは，何cmですか。

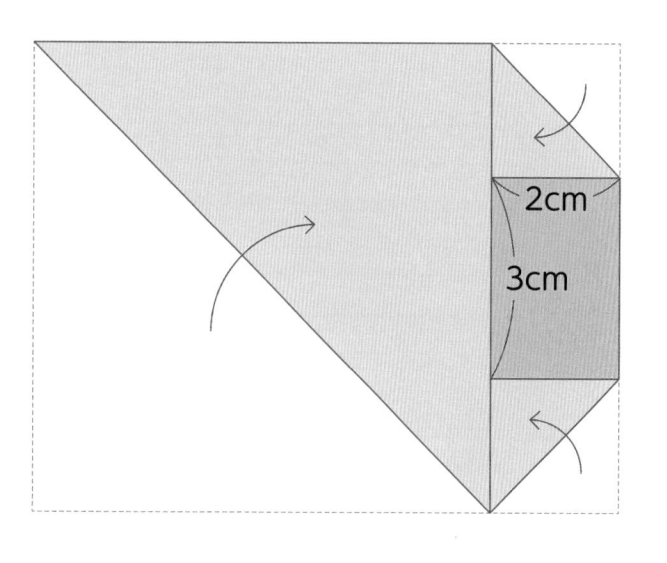

2cm

3cm

> もとの
> 大きな長方形の
> たての長さが
> 先にわかるね。

答え

_____

# 41 路線図

デ 算数内容 筋 形 思考力

下の図は，ある鉄道会社の電車の路線図を表しています。

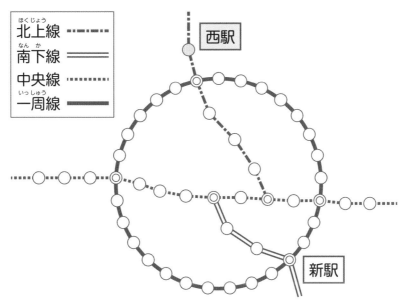

この路線図について，次のことがわかっています。

❶ 駅と駅の間にかかる時間 (停車時間もふくむ)

  北上線…4分        南下線…5分        中央線，一周線…3分

❷ 他の路線に乗りかえるには5分かかる。

❸ 5番目の駅までは150円かかり，そのあとは2駅ごとに30円ずつ高くなる。

このとき，西駅から新駅まで行くのに，いちばん時間が早く，いちばん安い行き方で通る駅を，上の図を使って，(●) のようにぬりつぶしなさい。また，そのときにかかる時間と料金を答えなさい。

## 答え

かかる時間…                    料金…

正三角形と正方形があります。この 2 つの形の周りの長さは同じですが，正三角形の 1 辺の長さは，正方形の 1 辺の長さより 2cm 長くなっています。正方形の 1 辺の長さは何 cm ですか。

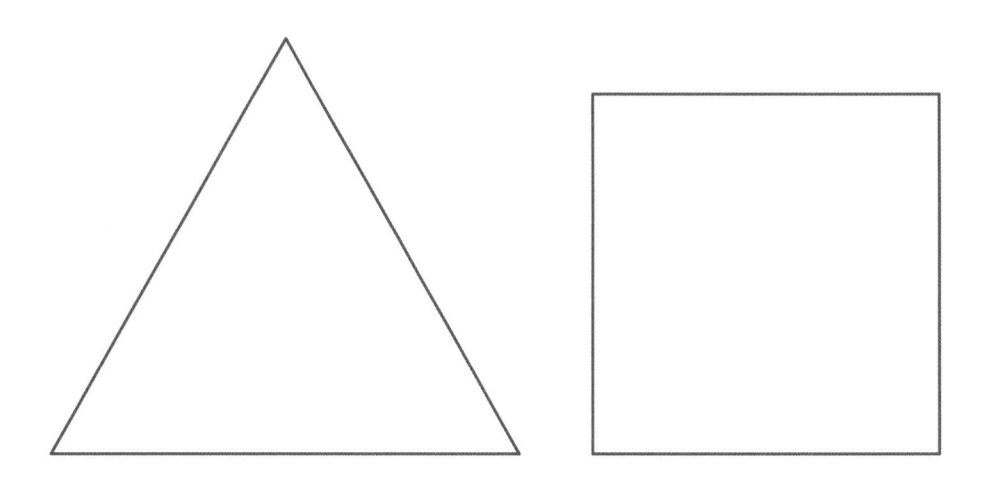

正方形のほうが
辺の数が 1 本
多いね。

答え

_____

# 43 ならんだ◯の数の和

数 算数内容　情 思考力

1 ～ 8 までの数を 1 つずつ ◯ の中に入れて，たて（あ－お－き－う），横（え－く－か－い），大きな円（あ－い－う－え），小さな円（お－か－き－く）の，それぞれの 4 つの数の和が，すべて同じになるようにします。
このとき，い，う，お，く の中に入る数を書き入れなさい。

▼下の図にかき入れましょう

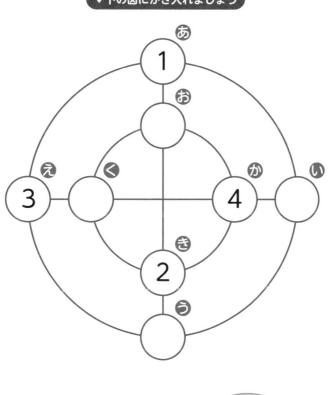

4 つの数の和は
いくつになるかな？

こうじさんは，30日間で60時間の読書をすることにしました。
次の問いに答えなさい。

(1) 毎日，同じ時間だけ読書をすることにしました。このとき，1日の読書時間は何時間ですか。

(2) 1日目は1時間だけ読書をして，2日目は1日目の2倍，3日目は2日目の2倍の時間，読書をしました。4日目からは1日目から3日目までの読書時間をくり返すように読書をすることにしました。このとき，はじめの1週間の読書時間の合計は何時間ですか。

(3) (2)のように読書をしていくと，こうじさんが合計60時間読書をしたことになるのは何日目ですか。

3日間の
読書時間は
何時間かな？

**答え**

| (1) | (2) | (3) |
| --- | --- | --- |

# 45 辺の長さ

空 算数内容 情 形 思考力

同じ形をした長方形が2つあります。この長方形を，下の図1のように2つならべると，周りの長さが26cmになりました。また，下の図2のように2つならべると，周りの長さが22cmになりました。

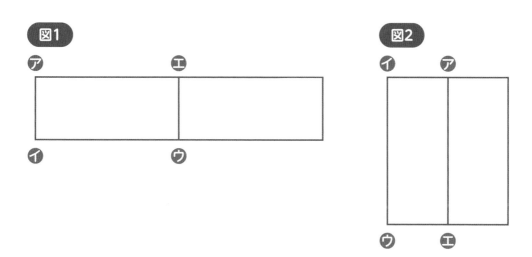

図1

ア エ
イ ウ

図2

イ ア
ウ エ

次の問いに答えなさい。

(1) 辺アイと辺アエの長さの差は何cmですか。

(2) 辺アイの長さは何cmですか。

図1と図2の周りの長さは辺アイと辺アエ何こ分かな？

## 答え

(1)　　　　　　　(2)

# 46 筆算を完成させよう！

数 算数内容　情 思考力

の中に数を1つずつ書き入れて，下の筆算を完成させなさい。同じ数を
何度使ってもかまいません。

**▼下の図にかき入れましょう**

```
        7 □
      ×  □  3
      ─────────
      □  □  7
      □  □
      ─────────
    1 □  □  7
```

3の上の□と
横の□に入る数が
考えやすいよ。

# 47 にせものの金貨

論 算数内容　筋 思考力

ア，イ，ウ，エ，オ，カの6まいの金貨がありますが，そのうちの2まいはにせもので，本物よりも軽いそうです。また，本物どうしは同じ重さで，にせものどうしも同じ重さです。

はかりにのせて，❶～❸のようにはかったところ，次のようになりました。にせものの金貨はどれとどれですか。

❶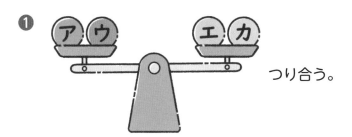

つり合う。

❷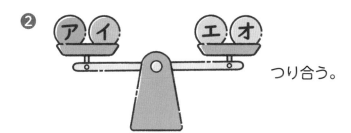

つり合う。

❸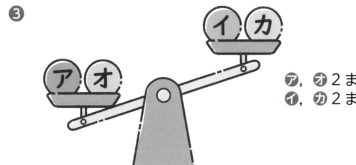

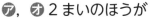

ア，オ2まいのほうが
イ，カ2まいより重い。

答え

# 48 向きをかえて歩こう

変 算数内容　情 思考力

ある人が，下の図のように，点⑤を出発して，はじめに北向きに1m，次に東向きに2m，次に南向きに3m，次に西向きに4m，次に北向きに5m，…というようなきまりにしたがって歩きます。

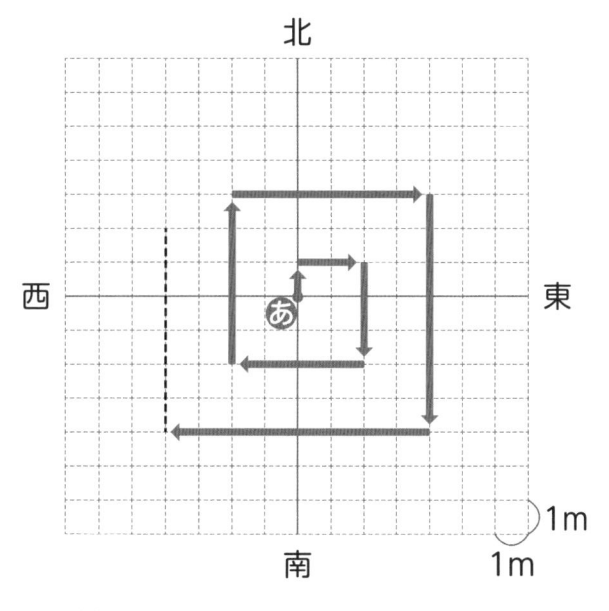

このとき，次の問いに答えなさい。

(1) まっすぐにちょうど12m歩くのは，東，西，南，北のどの向きに進んでいるときですか。

(2) 点⑤を出発してから合わせて60m歩いたとき，その人は点⑤から見てどこにいますか。場所を説明した次の文のはじめの　　　にあてはまる方向（東，西，南，北のうちどれか）を，2つ目の　　　にあてはまる数を書き入れなさい。

## 答え

(1) _____

(2) 点⑤から [　　　] へ [　　　] mの場所にいます。

# 49 アンケート

デ｜算数内容｜情｜筋｜思考力

次の表は，クラスの40人に，昨日見たテレビの番組について，アンケートをとった結果です。

| | |
|---|---|
| 昨日はテレビを見なかった。 | 7人 |
| ニュースを見た。 | 20人 |
| ドラマを見た。 | 16人 |
| テレビは見たが，ニュースもドラマも見なかった。 | 8人 |

次の問いに答えなさい。

(1) テレビを見た人の中で，ニュースを見なかった人は何人ですか。

(2) ニュースもドラマも見た人は何人ですか。

ニュースを見た人と
見なかった人，
ドラマを見た人と
見なかった人を
表にまとめよう。

 答え

(1) _____  (2) _____

# 50 時間の問題

数 算数内容 　筋 思考力

ふゆみさん，そうたさん，さとしさんの3人が，それぞれの家から学校まで行くのにかかる時間は次のとおりです。

　ふゆみさん……9分
　そうたさん……7分
　さとしさん……15分

今日は，ふゆみさんがいちばん早く学校に着き，ふゆみさんの3分後にそうたさん，そうたさんの6分後にさとしさんが学校に着きました。

次の問いに答えなさい。

⑴　今日，いちばん早く家を出たのはだれですか。

⑵　今日，いちばんおそく家を出たのはだれですか。

3人のかかる時間についての線分図をそれぞれかこう。

**答え**

(1)　　　　　　　　　(2)

けんいちさんがマラソン大会に出場しました。マラソンコースは下の図のように，とちゅうに急な坂があり，そのあとで小屋の近くを通ります。

けんいちさんは，スタートしてから急な坂を走るまでの間は前から7番目を走っていました。

急な坂から小屋までの間で5人にぬかれましたが，3人をぬきかえしました。小屋からゴールまでの間で2人にぬかれましたが，何人かをぬきかえして，5番目でゴールしました。

次の問いに答えなさい。

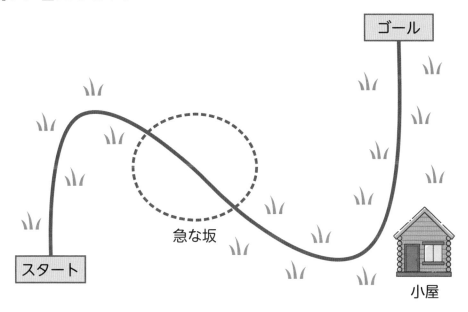

(1) 小屋の近くを通るとき，けんいちさんは前から何番目を走っていましたか。

(2) けんいちさんは小屋からゴールまでの間で何人をぬきかえしましたか。

答え

(1) _____ (2) _____

# 52 重ねた紙

空 算数内容　形 思考力

同じ大きさの三角形の紙を順に8まい重ねたら，下のようになりました。4番目にのせた紙は，あ〜きのどの紙ですか。記号で答えなさい。

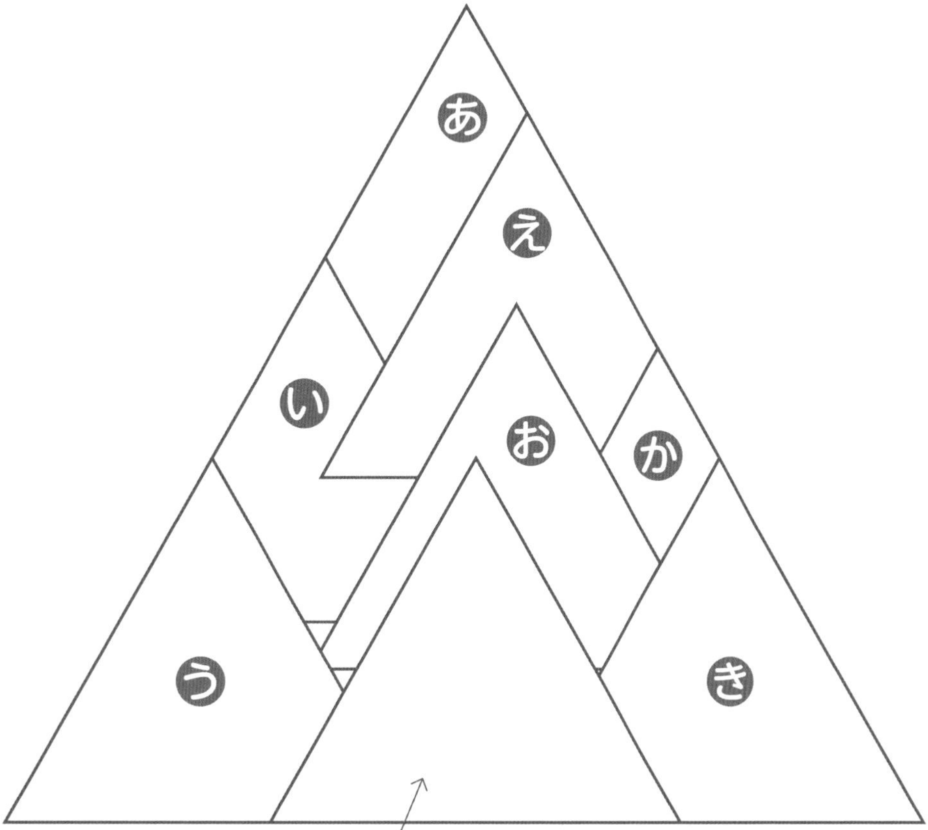

8番目にのせた紙

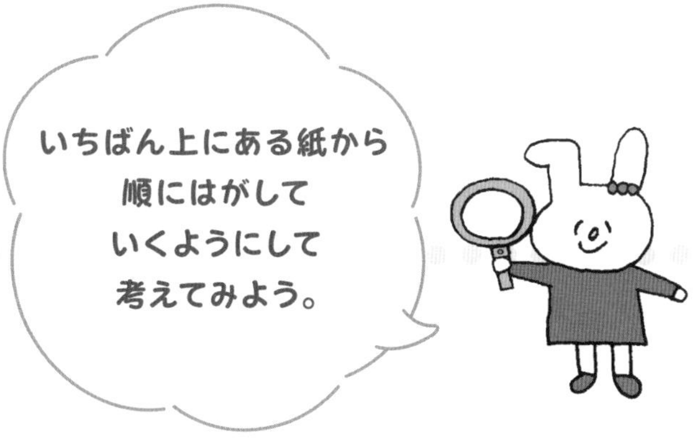

いちばん上にある紙から
順にはがして
いくようにして
考えてみよう。

_____

# 53 2つのかけ算の筆算

数 算数内容 情 思考力

下の**あ**, **い**のかけ算の筆算で, ◎, △, ☆, ◇, ♡にあてはまる1〜9までの数を答えなさい。ただし, ちがう記号にはちがう数, 同じ記号には同じ数が入ります。

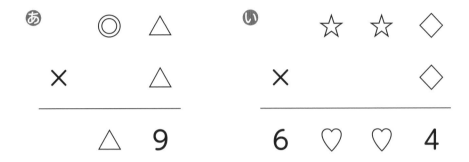

**あ**の答えの一の位が
9になるから,
△に入る数は
何になるかな?

**答え**

◎…　　　　△…　　　　☆…　　　　◇…　　　　♡…

# 54 正しい時こくは？

変 算数内容 　 情 思考力

学校の時計は，3分おくれています。この時計は，今から10分前に午後2時を知らせるチャイムを鳴らしました。今の正しい時こくは，午後何時何分ですか。

今から
10分前の時こくは
午後何時何分
になるかな？

答え

# 55 席順 せき じゅん

論 算数内容　筋 思考力

❶〜❼の番号をつけた7人が，まるいテーブルのまわりにすわることにしました。

それぞれの番号をつけた人が話せる言葉は，次のとおりです。

❶ 日本語が話せる。

❷ 日本語と韓国語が話せる。 かん こく ご

❸ 日本語とスペイン語，フランス語が話せる。

❹ 英語と韓国語が話せる。 えい ご

❺ ドイツ語とスペイン語が話せる。

❻ イタリア語，英語，韓国語が話せる。

❼ ドイツ語とイタリア語が話せる。

通訳なしに，すわった両どなりの人と話せるようにするためには，どのようにすわればよいですか。 つう やく

下の ☐ の中に❷〜❼の番号を書き入れなさい。答えが何通りか考えられるときは，1通りだけ答えなさい。

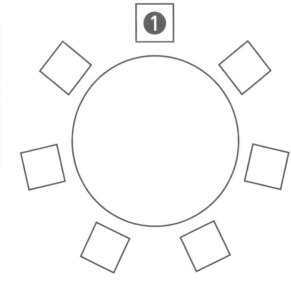

# 56 糸電話の相手

空〈算数内容　形〈思考力

次の図1のように，さいころの形をした箱にウサギと
ネズミが糸電話をしている絵がかかれています。この
箱を切り開くと図2のようになります。これを参考に
して下の(1)，(2)に答えなさい。

図1

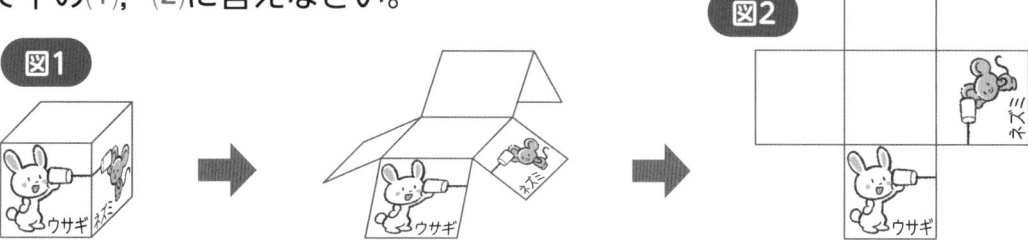

図2

(1) 次の**あ**〜**う**を組み立てて箱にします。パンダとサルが糸電話をしている
　　絵になるのは，**あ**〜**う**のうちどれですか。

**あ**　　　　　　　　**い**　　　　　　　　**う**

(2) 箱を組み立てたとき，ネコとクマが糸電話をしてい
　　る絵にするには，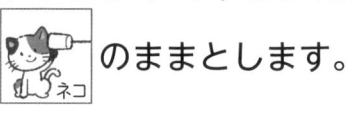を，**か**〜**こ**のうちどこに入
　　れればよいですか。ただし，ネコの絵の向きは，
　　のままとします。

**か**

ヒム

**き**

**く**　**け**　**こ**

# 57 バスの時こく表

デ 算数内容　情 思考力

次の図のように，北町行きと，南町行きのバスが通る道に，学校前と病院前のバス停があります。

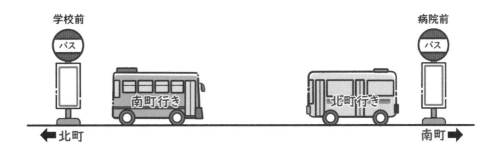

2つのバス停の間は，バスで8分かかります。例えば，学校前のバス停から，6時25分発の南町行きのバスに乗ると，6時33分に病院前に着きます。下の時こく表の㋐～㋔にあてはまる数を答えなさい。

| 学校前 | | |
|---|---|---|
| | 北町行き | 南町行き |
| 6時 | 13　36 | 25　㋑ |
| 7時 | 05　㋐　44 | 19　48 |
| 8時 | 01　18　33 | 04　22 |

| 病院前 | | |
|---|---|---|
| | 北町行き | 南町行き |
| 6時 | 05　28　57 | 33 |
| 7時 | 20　㋒　53 | 02　㋓　56 |
| 8時 | 10　25 | 12　30 |

 答え

㋐　　　　　　㋑　　　　　　㋒　　　　　　㋓

# 58 動物園のサル

数 算数内容　　情 思考力

動物園のサル山に35ひきのサルがいます。サルは，オスもメスもいますが，全体ではメスのほうが5ひき多いそうです。サル山の下には小屋があり，いま，ちょうど10ぴきが外に出ていて，残り(のこ)は小屋の中にいます。

外にいる10ぴきのサルのうち，オスが6ぴきのとき，小屋の中にいるオスは何ひきか求(もと)めなさい。

オスのサルとメスのサルはそれぞれ何ひきずついるかな？

答え

# 59 暗号表

変 算数内容　情 思考力

右のような「あいうえお表」があります。たかしさんはこれをもとにして花の名前を表す暗号表❶，❷をつくりました。

下の(1)〜(4)にあてはまるものを答えなさい。

**暗号表❶**

| | |
|---|---|
| うめ | 〈13, 74〉 |
| さくら | 〈31, 23, 91〉 |
| ひまわり | 〈62, 71, 101, 92〉 |
| (1) | 〈11, 81, 74〉 |
| すいせん | 〈　(2)　〉 |

**暗号表❷**

| | |
|---|---|
| ゆり | 〈5303, 4511〉 |
| すみれ | 〈1221, 2520, 4513〉 |
| (3) | 〈1102, 2012〉 |
| (4) | 〈2032, 3030, 4305, 1221〉 |

| | 1 | 2 | 3 | 4 | 5 |
|---|---|---|---|---|---|
| 1 | あ | い | う | え | お |
| 2 | か | き | く | け | こ |
| 3 | さ | し | す | せ | そ |
| 4 | た | ち | つ | て | と |
| 5 | な | に | ぬ | ね | の |
| 6 | は | ひ | ふ | へ | ほ |
| 7 | ま | み | む | め | も |
| 8 | や | | ゆ | | よ |
| 9 | ら | り | る | れ | ろ |
| 10 | わ | | | | を |
| 11 | ん | | | | |

「あいうえお表」のたてと横の列の数が暗号表と関係ありそうだね。

## 答え

(1)　　　　　　　　　　　(2)

(3)　　　　　　　　　　　(4)

# 60 7ひきの行進

論 算数内容　筋 思考力

ブタ，ネズミ，リス，タヌキ，キツネ，イヌ，ネコの7ひきが，1列になって行進したときの順番について，次のように話をしています。

　　ブ　タ　「ぼくの前には4ひきいたよ。」
　　ネズミ　「ぼくのすぐ前はタヌキさんで，すぐ後ろはネコさんだったよ。」
　　リ　ス　「わたしのすぐ前はキツネさんだったわ。」
　　タヌキ　「ぼくはいちばん前じゃなかったよ。」

動物たちの話から，行進した順に動物の名前を答えなさい。

ネズミさんの話は
ヒントが多いね。
行進した順を
図にしよう。

**答え**

前　　　→　　　→　　　→　　　→　　　→　　　→　　　後ろ

# 61 白と黒の積み木

空 算数内容 形 思考力

さいころの形をした全部の面が白の積み木と黒の積み木が合わせて11こあります。この積み木を，下の図のように積んでいくことを考えます。このとき，となり合う積み木が，白と黒で色ちがいになるように置くことにします。

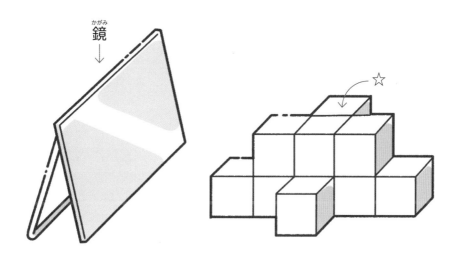

次の問いに答えなさい。

(1) ☆の部分の積み木は黒です。黒の積み木は全部で何こありますか。

(2) (1)のように積み木を置いたとき，鏡にはどのようにうつりますか。図の点線をなぞってかきなさい。また，黒の積み木のところは，ななめの線で（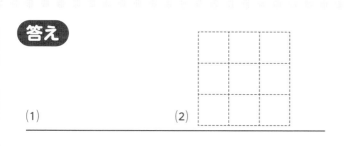のように）表しなさい。

**答え**

(1) _____ (2) _____

# 62 3人のかさ

論 算数内容　筋 思考力

きよ子さん，なおみさん，さちえさんの3人は，赤，青，ピンクのそれぞれちがう色のかさを持っていて，それぞれのかさには次の㋐〜㋒のちがうもようがついています。

下の3人の話から，3人のかさの色ともようをそれぞれ答えなさい。

きよ子　「さちえさんのかさの色は赤ではないわ。」

なおみ　「きよ子さんのかさの色は青かピンクで，㋐のもようではないわ。」

さちえ　「青いかさのもようは㋑ではないわ。わたしのかさの色は青ではないし，㋐のもようでもないわ。」

## 答え

|  | かさの色 | かさのもよう |
|---|---|---|
| きよ子さん |  |  |
| なおみさん |  |  |
| さちえさん |  |  |

# 63 折り紙を切ってできるもよう

空 算数内容 形 思考力

下の図のようなもようがあります。

このもようをつくるために，正方形の折り紙を次の図の❶〜❺の順に折り目で折っていきます。その後，どのように切り取れば，このもようができますか。図に，切り取る部分をななめの線で（　のように）表しなさい。
（コンパスやじょうぎは使わなくてもかまいません。）

❶ ❷ ❸ ❹ ❺

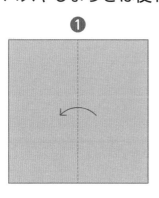
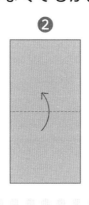
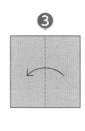

 答え

# 64 計算のきまり

数 算数内容 情 思考力

| 6 | 3 |
|---|---|
| 4 | 2 |

| 15 | 3 |
|----|---|
| 10 | 5 |

| 42 | 7 |
|----|---|
| 36 | 6 |

上の3つの表の数は，ある同じ計算のきまりで入れられています。

そのきまりをみつけて，下の(1)〜(3)の表のあいているところにあてはまる数を書き入れなさい。

▼下のマスにかき入れましょう

(1)

| 18 | |
|----|---|
| | 6 |

(2)

| | 5 |
|---|---|
| | 7 |

(3)

| | 4 |
|---|---|
| 9 | |

左上の数が
いちばん大きいなあ。
あと，右上の数で
わり切れそう。

# 65 テニスの試合

論 算数内容 筋 思考力

はるおさん，なつこさん，あきおさん，ふゆみさんの４人が，次のような組み合わせで，テニスの試合をしました。

- 1日につき，必ず1人1試合だけして，3日間でどの人とも試合をするようにしました。
- なつこさんはふゆみさんと1日目に試合をしました。
- はるおさんはなつこさんと2日目に試合をしました。

このとき，次の問いに答えなさい。

(1) なつこさんはあきおさんと何日目に試合をしましたか。

(2) はるおさんはふゆみさんと何日目に試合をしましたか。

対戦表をかくとわかりやすいよ。

## 答え

(1) _____ (2) _____

次の㋐～㋙には，それぞれ0から9までのことなる整数が入ります。

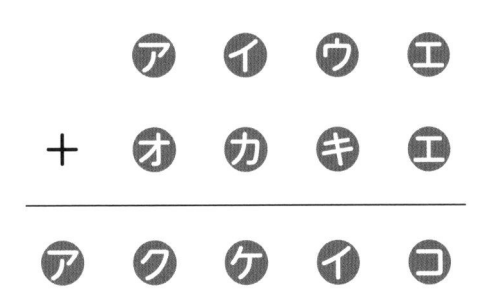

いま，㋔が9，㋙が4であることがわかっています。このとき，㋐，㋑，㋗，㋘に入る整数を答えなさい。

㋐, ㋑, ㋗, ㋘の
中で
すぐにわかるものが
1つだけあるよ。

## 答え

㋐…　　　　㋑…　　　　㋗…　　　　㋘…

# 67 合唱コンクールの順番

論 算数内容　筋 思考力

ある地いきで，交流を目的とした合唱コンクールが行われました。A 〜 G の 7 つの小学校の歌った順番としんさ結果について，下の❶〜❼がわかっています。

❶　A 校は D 校の 1 つ前に歌った。

❷　C 校は B 校の次に歌った。

❸　G 校は C 校より前に歌った。

❹　B 校と E 校の間に 2 つの小学校が歌った。

❺　D 校と F 校の間に 3 つの小学校が歌った。

❻　C 校と G 校の間に 4 つの小学校が歌った。

❼　6 番目に歌った小学校が最ゆうしゅう賞を受賞した。

次の問いに答えなさい。

(1)　G 校の次に歌った小学校はどこですか。

(2)　B 校の 1 つ前に歌った小学校はどこですか。

○○○○○○○
と順番にならべてみて
A 〜 G を
あてはめていこう。

(3)　最ゆうしゅう賞を受賞した小学校はどこですか。

## 答え

| (1) | (2) | (3) |
|-----|-----|-----|
|     |     |     |

# 68 バスと電車で行く方法

数 算数内容　　情 思考力

なつきさんは，1か月間で12回，となり町へ行くことになりました。となり町へはバスか電車の2通りの行き方があります。バスでは，かた道で120円かかります。また，バスのおうふく定期けんは，1か月で2800円かかります。電車では，かた道で130円かかります。また，電車のかた道の回数けんは，11回分で1200円かかります。

次の問いに答えなさい。

(1) バスだけを使うとき，毎回お金をはらうのと，定期けんを買うのでは，どちらの方が何円安いか答えなさい。

(2) いちばん安くするには，12回分をどのように行く方法がよいか答えなさい。

> 電車の回数けんを
> おうふく分買うと
> いくらかな？

**答え**

(1) _____　　(2) _____

# 69 4種類のおもり

変 算数内容 情 思考力

○，◎，△，□の4種類のおもりが，下のあ，い，うの図のようにつり合っています。

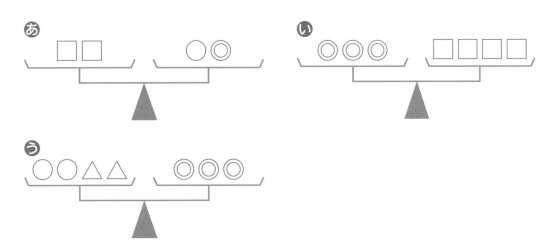

(1) ◎1こと○何こがつり合いますか。

(2) ◎1こと△何こがつり合いますか。

(3) 下の図のように，左の皿に□を4こ，右の皿に○を何こかのせて，つり合うようにします。下の図に○をかき入れなさい。

▼ここに○をかき入れましょう

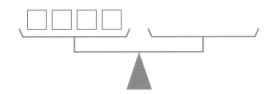

答え

(1)　　　　　　　　　(2)

# 70 すべての点を通ろう

空 算数内容 形 思考力

下の [例] のように，図形にあるすべての点 ( • ) が，点線上を通る1本の線でつながるようにします。（かき始めの点とかき終わりの点は同じになります。また，線は1つの点の上を1度しか通れません。）

[例]
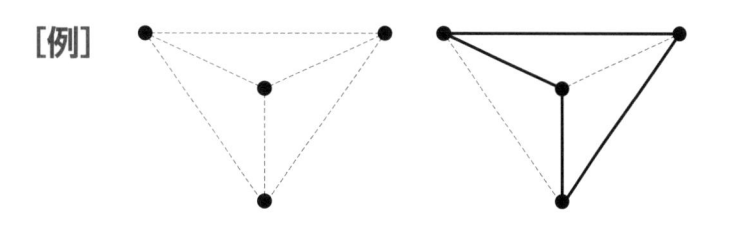

(1) 次の図形で，[例] と同じように，すべての点が1本の線でつながるように線をかきなさい。

◀左の図に線をにかき入れましょう

(2) 次の図形で，[例] と同じように，すべての点が1本の線でつながるように線をかきなさい。

◀左の図に線をにかき入れましょう

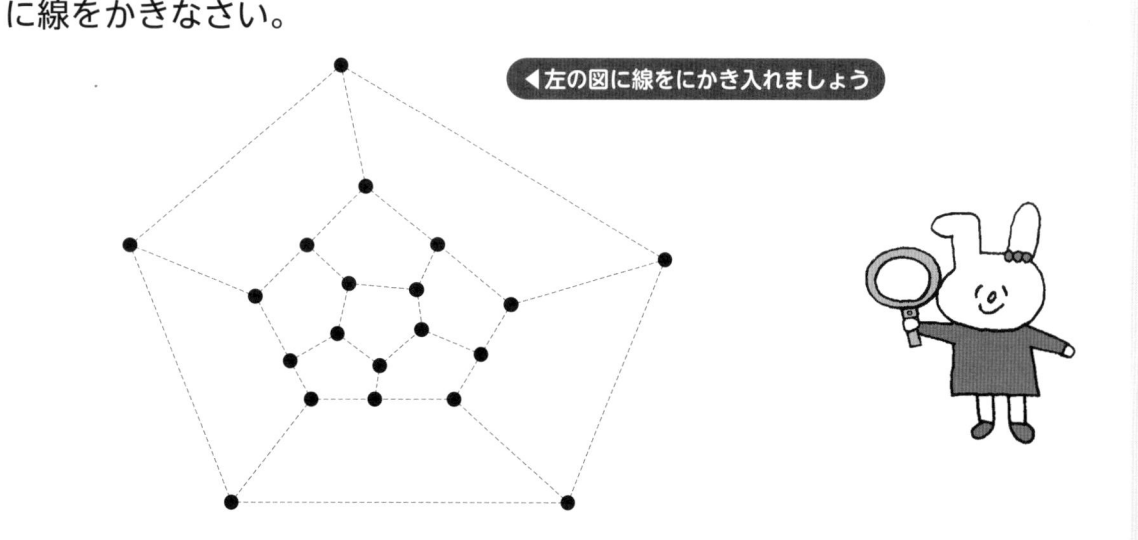

# 1 おつりが出ないねだん ……P3

姉と妹の2人あわせて500円玉1まい，100円玉2まい，50円玉2まい，10円玉2まい，5円玉2まい，1円玉3まい持っています。

㋐…10円玉が2まいしかないので，542円の40円をはらえません。

㋑…10円玉が2まいしかないので，686円の86円をはらえません。

㋒…782円は，500円玉1まい，100円玉2まい，50円玉1まい，10円玉2まい，5円玉2まい，1円玉2まいで，おつりが出ないようにはらえます。

㋓…1円玉が3まいしかないので，829円の9円をはらえません。

㋔…500円玉1まいと100円玉2まい，50円玉2まいしかないので，911円の900円をはらえません。

答え ㋒

# 2 長さを求めよう！ ……P4

あのたての長さと横の長さをたすと，

5＋7＝12（cm）

えのたての長さは，9－5＝4（cm）

ですから，たての長さと横の長さをたすと，

4＋□（cm）

あとえの周りの長さが同じだから，

4＋□＝12 □＝8

答え 8

# 3 9まいのカード ……P5

まず，□＋□＋□＝8の□に入る数を考えます。

すると，例えば，1＋3＋4＝8が考えられます。

（1＋2＋5＝8でもよい。）

このとき，残りの数を使って，

2＋5＋9＝16

6＋7＋8＝21

とあてはめることができます。

答え

$$\boxed{1}+\boxed{3}+\boxed{4}=8$$
$$\boxed{2}+\boxed{5}+\boxed{9}=16$$
$$\boxed{6}+\boxed{7}+\boxed{8}=21$$

（たす，たされる数の順番は入れかわってもよい。）

または $\boxed{1}+\boxed{2}+\boxed{5}=8$

$\boxed{3}+\boxed{4}+\boxed{9}=16$

$\boxed{6}+\boxed{7}+\boxed{8}=21$ などでもよい。

# 4 じゃんけん ……P6

そらさんが1回目に勝つとすると，パーを出したことになり，なおきさんも勝ちます。

2回目，3回目で，そらさん，なおきさんが1回も勝たず，ひさとさんは1回だけ勝てばよいのですから，2回目にひさとさんがグーを出し，3回目になおきさんがパーを出したことになります。

答え

| 名前 | 1回目 | 2回目 | 3回目 | 勝った数（回） |
|---|---|---|---|---|
| そらさん | パー | チョキ | パー | 1 |
| なおきさん | パー | チョキ | パー | 1 |
| ひさとさん | グー | グー | パー | 1 |

（そらさん…グー，なおきさん…グー，ひさとさん…チョキでも1回目はなおきさんが勝ち，2回目はあいこ，3回目はそらさんとひさとさんが勝つので正しい。）

## 5 かっているペット・・・・・・・・・・P7

ヒント❶〜❸を表にすると，次のようになります。

|  | クロ | マロン | タマ | モモ |
|---|---|---|---|---|
| ゆきえさん |  |  | × | × |
| のりこさん | × |  | × | × |
| はじめさん |  | × | × |  |
| たいちさん |  |  |  |  |

上の表から，のりこさんのねこがマロン，たいちさんのねこがタマとわかります。すると，表は次のようになります。

|  | クロ | マロン | タマ | モモ |
|---|---|---|---|---|
| ゆきえさん |  | × | × | × |
| のりこさん | × | ○ | × | × |
| はじめさん |  | × | × |  |
| たいちさん | × | × | ○ | × |

ですから，ゆきえさんのねこがクロとわかるので，はじめさんのねこがモモとわかります。

**答え** ゆきえさん…クロ，のりこさん…マロン，
はじめさん…モモ，たいちさん…タマ

## 6 どんなふうに見えるかな？ ・・・P8

方向によって見え方が違うことを理解しましょう。

(1) 積み上げた図形は
右のようになりま
す。ですから，答
えは8こです。

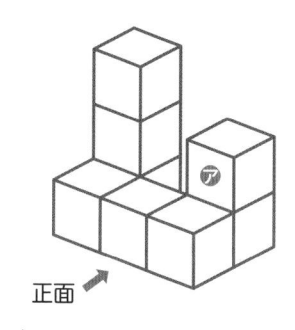

正面

(2) 正面から見た図だけ変わるのは，上の図の
㋐のつみ木を取りのぞいたときです。

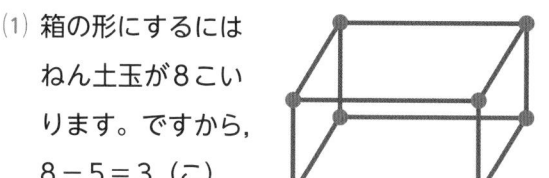

**答え** (1) 8こ　(2)

## 7 きまりを見つけよう！ ・・・・・・・・P9

(1) 前の数より4ずつふえていきますから，
13 + 4 = 17

(2) 前の数の2倍になっていきますから，
24 × 2 = 48

(3) 前の数より1へる，2へる，3へる，4へる，
…とへっていきますから，
40 - 5 = 35

**答え** (1) 17　(2) 48　(3) 35

## 8 箱の形 ・・・・・・・・・・・・・・・・・・・・・・P10

(1) 箱の形にするには
ねん土玉が8こい
ります。ですから，
8 - 5 = 3 （こ）

(2) 箱の形にするには，同じ長さのひごが4本
ずついります。
よって，2cmのひごがあと3本，3cmのひ
ごがあと3本，4cmのひごがあと2本いり
ます。
ですから，2 × 3 + 3 × 3 + 4 × 2 = 23 (cm)

(3) 新しい箱の形を作るためには，ねん土玉が
8こ，2cm，3cm，4cmのひごが4本ずつ
いります。
(1)，(2)から，
ねん土玉は，3 + 8 = 11 （こ）
2cmのひごは，3 + 4 = 7 （本）
3cmのひごは，3 + 4 = 7 （本）

4cmのひごは，2＋4＝6（本）
いります。これらがすべてあるのは，**イ**です。

**答え** (1) 3こ　　(2) 23cm　　(3) **イ**

## 9 数を入れていこう！ ……………P11

(1) 板の右下の数は，

1まい目…4＝4×1

2まい目…8＝4×2

3まい目…12＝4×3

4まい目…16＝4×4

と，4×（板のまい数）となります。

また，123÷4＝30あまり3となります。

120＝4×30ですから，30まい目の右下

の数となり，123は31まい目の左下の数

になります。

(2) 970÷4＝242あまり2となりますから，
書かれている4つの数は242に近い数だと
わかります。右上の数とほかの3つの数と
の関係は右の図のようにな
りますから，4つの数の和
は，（右上の数）×4＋2と
なります。このことから，
右上の数が242になり，右下の数は，242
＋2＝244となります。ですから，244÷
4＝61（まい目）となります。

| 1<br>小さい | 1 |
|---|---|
| 1<br>大きい | 2<br>大きい |

**答え** (1) 31まい目　　(2) 61まい目

## 10 重なった折り紙 ……………P12

(1) 折り紙を重ねていった順
番は，右の図のようにな
ります。❶と❷の折り紙
の重ねていった順番を入
れかえると，次のように
なります。

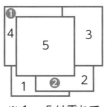

※1〜5は重ねて
いった順番

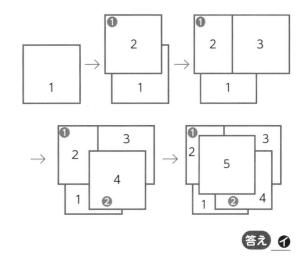

**答え** **イ**

## 11 本の数とぼうグラフ ……………P13

ぼうグラフで表された数は，次のようになりま
す。

**ア**…10，**イ**…7，**ウ**…5，**エ**…3，**オ**…1

❸より，ちがいが7になるのは，10と3しか
ありませんから，**ア**がまきさん，**エ**がのりかさ
んだとわかります。

❷より，ちがいが4になるのは，7と3，5と1
ですが，**エ**はのりかさんと決まっていますから，
**ウ**，**オ**がりくとさんかなおきさんになります。
すると，残った**イ**がいおりさんで，❶より，**ウ**
がなおきさんとなります。

ですから，**オ**がりくとさんだとわかります。

**答え** **ア** まきさん，**イ** いおりさん，

**ウ** なおきさん，**エ** のりかさん，

**オ** りくとさん

## 12 どのように分ける？ …………P14

例えば，図1のように**イ**を1つおき，図2のように**ア**と**イ**を1つずつおくことで，残った形が**ウ**になります。ほかにもいろいろな分け方がありますが，**ア**1つ，**イ**2つ，**ウ**1つの分け方しかできません。

図1

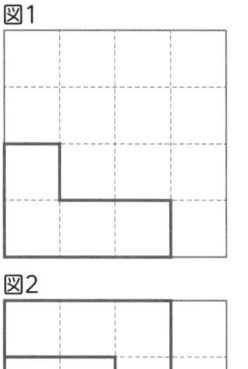

図2

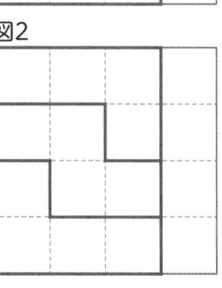

答え

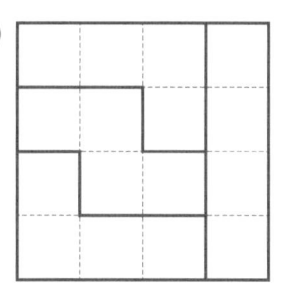

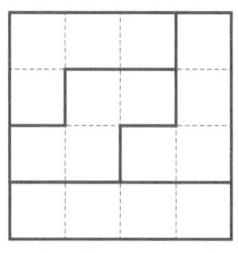

（などでもよい。）

## 13 重さくらべ…………P15

おもりの重さを表にすると，次のようになります。

| | 重い | → | 軽い |
|---|---|---|---|
| ❶ | ア | → | エ |
| ❷ | ウ | → | ア |
| ❸ | イ | → | エ |
| ❹ | ア | → | イ |

❶と❷より，重い順に「ウ→ア→エ」となります。❸と❹より，重い順に「ア→イ→エ」となります。これらをあわせて考えると，重い順に「ウ→ア→イ→エ」となります。

答え **ウ→ア→イ→エ**

## 14 数字を入れよう！ …………P16

❷の式の答えは2以上になります。❷の式の答えが3以上になると，❺の式の答えは4以上になってしまい，問題文にあいません。ですから，❷の式の答えは2になりますから，❷の式と❺の式が正しくなるような入れ方は，[図1]の場合しかありません。

左上の□に1を入れると❸の答えは0になり，問題文にあいません。

左上の□に2を入れると，[図2]のように，1を5つ使うことになるので，問題文にあいません。

ですから，左上の□には3が入り，その場合，1，2，3の数をそれぞれ3つずつ使うので，正しい答えになります。

[図1]

$$
\begin{array}{ccccc}
& ❸ & ❹ & ❺ \\
❶\ \square & - & \square & = & 1 \\
| & & + & & + \\
❷\ 1 & + & 1 & = & 2 \\
\| & & \| & & \| \\
\square & & \square & & 3
\end{array}
$$

[図2]

$$
\begin{array}{ccccc}
& ❸ & ❹ & ❺ \\
❶\ 2 & - & 1 & = & 1 \\
| & & + & & + \\
❷\ 1 & + & 1 & = & 2 \\
\| & & \| & & \| \\
1 & & 2 & & 3
\end{array}
$$

答え

$$
\begin{array}{ccccc}
& ❸ & ❹ & ❺ \\
❶\ 3 & - & 2 & = & 1 \\
| & & + & & + \\
❷\ 1 & + & 1 & = & 2 \\
\| & & \| & & \| \\
2 & & 3 & & 3
\end{array}
$$

## 15 大きさくらべ ·················· P17

それぞれの色板について，□の正方形が何こ分になるかを考えます。

　㋐…図1から，6この半分→3こ

　㋑…図2から，9この半分→4こと半分

　㋒…図3から，1こと半分が5こ→3こと半分

　㋓…図4から，2こと半分が4こ→4こ

になっていますから，大きい順に，㋑，㋓，㋒，㋐となります。

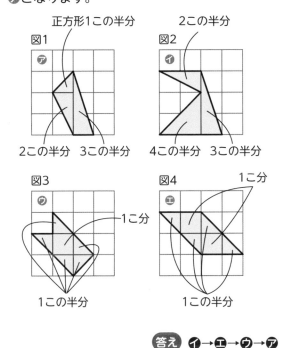

正方形1この半分　　2この半分

図1　　　　　　　図2

㋐　　　　　　　㋑

2この半分　3この半分　　4この半分　3この半分

図3　　　　　　　図4　　　　　　1こ分

㋒　　　　　　　㋓

　　　1こ分

1この半分　　　　　　1この半分

答え ㋑→㋓→㋒→㋐

## 16 5まいのカードの数 ·················· P18

ヒント❶から，㋐÷㋑＝㋒

ヒント❷から，㋑×㋓＝㋔

ヒント❸から，㋐−㋔＝㋑

であることがわかります。

㋐〜㋔にはちがう数が書かれていることに注意して，ヒント❶より，㋐，㋑，㋒の数はそれぞれ6，2，3か6，3，2，または8，4，2か8，2，4であることがわかります。ここから㋐に書かれた数は6か8となります。また，㋑が3また

は4だと，㋒は2になり，また，ヒント❷より，㋔は9以下なので，㋓は2となります。このとき，㋒，㋓どちらも2になり，㋐〜㋔に書かれた数はすべてちがうので，㋑に書かれた数は2だとわかります。

㋑が2のとき㋑，㋓，㋔の数はそれぞれ2，3，6または2，4，8であり，㋔に書かれた数は6か8だとわかります。

ヒント❸で㋐−㋔＝㋑ですから，㋐は㋔より大きくなければならないので㋐は8，㋔は6と決まります。そして㋒は4，㋓は3と決まります。

答え ㋐8　㋑2　㋒4　㋓3　㋔6

## 17 さいころの面の向き ·················· P19

(1) [例]と同じ右の向きに5回転がしています。2回転がすと●の面は下を向くので，4回転がすと●の面は上を向きます。よって，さらに1回転がすと●の面は右を向きます。

(2) [例]と同じ右の向きに3回転がし，さらに手前に1回転がしています。右の向きに3回転がすと●の面は左を向きます。それを手前に転がしても●の面は左を向いたままです。

(3) [例]と同じ右の向きに5回転がし，さらに手前に2回転がしています。右の向きに1回転がすと●の面は下を向きます。さらに右に4回転がすと●の面はまた下を向きます。そして，それを手前に1回転がすと●の面は後，さらにもう1回転がすと●の面は上を向きます。

答え (1) 右　(2) 左　(3) 上

## 18 持っているボールの色 ……… P20

ヒントを表にすると次のようになります。4人はそれぞれちがう色のボールを1つずつ持っています。

|  | 白 | 赤 | 青 | 黄 |
|---|---|---|---|---|
| さくやさん |  |  |  | × |
| しほさん | × |  | × | × |
| こうじさん | × | × | × |  |
| のりとさん |  |  | × |  |

表からしほさんが赤色，こうじさんは黄色，さくやさんが青色のボールを持っていることがわかります。ですから，のりとさんが白色のボールを持っていることがわかります。

答え さくやさん…青色，しほさん…赤色，
こうじさん…黄色，のりとさん…白色

## 19 正方形の紙 ………………………… P21

(1) 順に開いていくと，わかります。

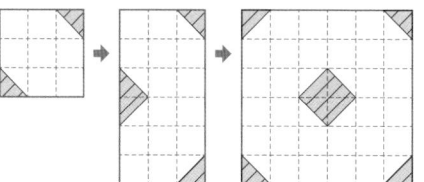

(2) 順に折っていくと，わかります。

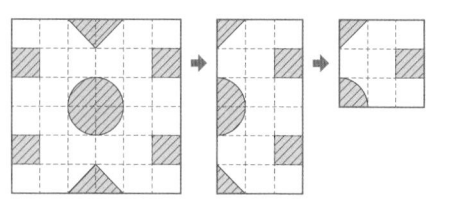

答え (1)

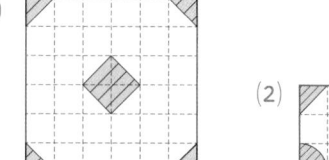

(2)

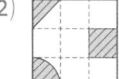

## 20 クラスには何人いるかな？ ……P22

アンケートの結果をまとめると，次の表のようになります。

|  |  | ねこをかっていますか？ | | |
|---|---|---|---|---|
|  |  | はい | いいえ | 合計 |
| 犬をかっていますか？ | はい | ● | ●×2 | 9 |
|  | いいえ |  | ●×5 |  |
| 合計 | | 8 |  |  |

表より，●3こ分で9人を表しているので，●1こ分は3人を表しています。これより，犬をかっていてねこをかっていない人の人数は，3×2＝6（人），犬もねこもかっていない人の人数は，3×5＝15（人）です。したがって，ねこをかっていない人の人数は，6＋15＝21（人）ですから，このクラスの人数は，
8＋21＝29（人）です。

答え 29人

## 21 周りの長さ　P23

3cmと5cmの辺が，それぞれいくつあるかを考えて，周りの長さを求めます。

　　㋐…$3 \times 6 + 5 \times 4 = 18 + 20 = 38$ (cm)

　　㋑…$3 \times 8 + 5 \times 2 = 24 + 10 = 34$ (cm)

　　㋒…$3 \times 4 + 5 \times 6 = 12 + 30 = 42$ (cm)

　　㋓…$3 \times 4 + 5 \times 4 = 12 + 20 = 32$ (cm)

ですから，周りの長さがいちばん長いものは㋒で，その長さは42cmになります。

**答え** ㋒, 42cm

## 22 かけ算の答え　P24

(1) ㋒にいちばん小さい数である2が入り，㋐と㋑に3，4が入るとき，■はいちばん小さくなります。したがって，

　　$3 \times 4 \times 2 \times 2 = 48$

(2) ■×▲というのは，❶の式と❷の式をかけるということです。㋐を2こ，㋑を4こ，㋒を3こ，㋓を1こかけたときの計算と同じですから，かけるこ数が多い順に大きい数を入れていくと，答えは，いちばん大きくなります。ですから，㋑に5，㋒に4，㋐に3，㋓に2を入れればよいとわかります。

**答え** (1) 48　(2) ㋐3　㋑5　㋒4　㋓2

## 23 機械の働き　P25

(1) 機械㋐は，$4 + 4 = 8$，$5 + 4 = 9$，$8 + 4 = 12$ですから，「4をたす」働きをします。したがって，10を入れると，$10 + 4 = 14$となり，14が出てきます。

(2) 機械㋑は，$2 \times 3 = 6$，$3 \times 3 = 9$，$5 \times 3 = 15$ですから，「3をかける」働きをします。したがって，7を入れると，

$7 \times 3 = 21$となり，21が出てきます。

(3) 機械㋒は，$12 \div 6 = 2$，$16 \div 8 = 2$，$36 \div 18 = 2$ですから，「2でわる」働きをします。したがって，24が出てくるのは，$24 \times 2 = 48$より，48を入れたときです。

**答え** (1) 14　(2) 21　(3) 48

## 24 リレーの順位　P26

|  | A | B | C | D |
|---|---|---|---|---|
| 1 | ○ | × | × | × |
| 2 | × | × | × | ○ |
| 3 | × |  |  | × |
| 4 | × |  |  | × |

( ▨ みかさんの予想 )

上の表のように，あきらさんの「1位はA組」が正しいとすると，けんたさんの「2位はD組」は正しいことになりますが，みかさんの予想は両方はずれたことになります。

|  | A | B | C | D |
|---|---|---|---|---|
| 1 | × | × |  |  |
| 2 | × | ○ | × | × |
| 3 | ○ | × | × | × |
| 4 | × | × |  |  |

上の表のように，あきらさんの「2位はB組」が正しいとすると，けんたさんの「3位はA組」が正しいことになります。すると，みかさんの「1位はD組」が正しいことになり，3人がそれぞれ1クラスずつ当たったことになります。

**答え** 1位…D組, 2位…B組, 3位…A組

## 25 1〜9の数字を入れよう ……P27

ア÷イ=ウから，ア，イ，ウはそれぞれ8，2，4または8，4，2，あるいは6，2，3または6，3，2とわかり，ウは2，3，4のいずれかになります。また，エ÷オ=オから，オが同じになるのはエ，オがそれぞれ4，2または9，3であるとわかり，オは2または3になります。

ウ－オ=カから，ウ，オはそれぞれ3，2または4，3であり，カは1と決まります。ただし，ウが3のときはア，イ，ウが6，2，3，ウ，オが3，2となり，オとイが2となるので，問題にあいませんから，ウが4，オが3と決まります。それにより，アが8，イが2，エが9も決まります。そして，残りの5，6，7は，キ÷3＋ク=ケより，キは6，クは5，ケは7と決まります。

**答え** ア 8　イ 2　ウ 4　エ 9　オ 3
 　　　　カ 1　キ 6　ク 5　ケ 7

## 26 さいころの面の数字 ……P28

(1) おくへ1回転がした（さいころをマスの上で3回転がした）とき，4の面がマスにふれるので，アの面と向かいあった面に書かれた数字は4になります。7－4=3より，アの面に書かれた数字は3であるとわかります。

(2) 下の図のように，5の面がマスにふれたとき，1の面と向かいあった6の面が，向かって右側の面に書かれています。おくへ1回転がし，4の面がマスにふれたときにも6が書かれた面は右側の位置にあります。それを右方向へ1回転がすと，6の面がマスにふれます。

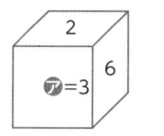

**答え** (1) 3　(2) 6

## 27 ズボンと手ぶくろ ……P29

のどかさんとももかさんの話から，のどかさんは赤いズボンをはいていること，あきさんとのどかさんの手ぶくろの色は，それぞれ赤色または黄色，白色または黄色であることがわかります。ここまでを表にすると，次のようになります。

|  | ズボンの色 | 手ぶくろの色 |
|---|---|---|
| あきさん |  | 赤色または黄色 |
| のどかさん | 赤色 | 白色または黄色 |
| ももかさん |  |  |

あきさんの話から，ズボンの色と手ぶくろの色が同じ人が1人いますが，のどかさんはズボンと手ぶくろの色はちがう色ですから，あきさんかももかさんがズボンの色と手ぶくろの色が同じです。同じ色になるのは赤色または白色ですが，のどかさんのズボンの色は赤色なので，同じ色の人は，ズボンも手ぶくろも白色であるとわかります。

ここで，あきさんの手ぶくろの色は赤色または黄色なので，ももかさんのズボンの色と手ぶくろの色がともに白色であるとわかります。それにより，のどかさんの手ぶくろの色が白色ではなく黄色で，あきさんのズボンの色は緑色，手ぶくろの色は赤色とわかります。

**答え**

|  | ズボンの色 | 手ぶくろの色 |
|---|---|---|
| あきさん | 緑色 | 赤色 |
| のどかさん | 赤色 | 黄色 |
| ももかさん | 白色 | 白色 |

(1) 4月28日（木）は午後11時から残り1時間，29日（金）は24時間，30日（土）は午後1時まで13時間ありますから，

　　1＋24＋13＝38（時間）

たっているとわかります。

(2) 1日は24時間で，200÷24＝8あまり8ですから，8日と8時間後であるとわかります。4月は30日まであるので，4月28日午後11時から8日後は5月6日（金）午後11時です。さらにそこから8時間後になりますから，5月7日（土）午前7時であるとわかります。

**答え** (1) 38時間

(2) 5月7日（土）午前7時

ヒント❶〜❸を，図に書くと，下のようになります。

ヒント❷，❸から，赤玉は青玉と黒玉より重いことがわかります。また，ヒント❷，❸から青玉4つと黒玉3つが同じ重さになることがわかります。これをヒント❹とします。このことから，黒玉は青玉より重いことがわかります。

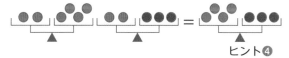

また，ヒント❶，❷から，2つの白玉と3つの青玉が同じ重さであることがわかります。これをヒント❺とします。このことから，白玉は青玉より重いことがわかります。

ヒント❹，❺から，9つの黒玉と8つの白玉が同じ重さであることがわかります。このことから，白玉は黒玉より重いことがわかります。

ですので，4つの玉を重い順に書くと，赤玉，白玉，黒玉，青玉となります。

**答え** 赤玉→白玉→黒玉→青玉

切った部分は次のような形になります。

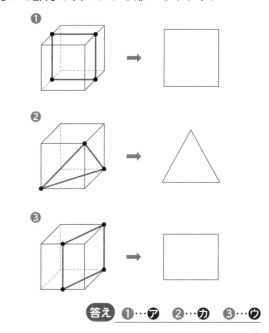

**答え** ❶…㋐　❷…㋔　❸…㋒

## 31　2つの機械 ..................... P33

(1) 機械A（きかいエー）は「2をひく」働（はたら）き，機械B（ビー）は「2でわる」働きをすることがわかります。したがって，機械Aに16を入れると14が出てきて，それが機械Bに入ると7が出てきます。

(2) 機械Bに入るときは2でわる前なので40であり，それが機械Aに入るときは2をひく前なので，42だったことがわかります。

(3) 機械AとBの働きを右の図のように線分図で表すと，出てくる数は，13－2＝11とわかります。よって，入れた数は，11×2＋2＝24です。

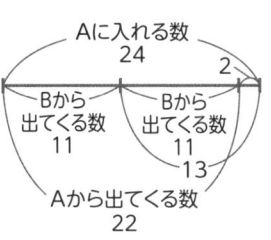

Aに入れる数
24　　　2
Bから出てくる数　Bから出てくる数
11　　　11
13
Aから出てくる数
22

答え　(1) 7　　(2) 42　　(3) 24

## 32　同じ広さのものはどれかな? ......... P34

色をつけた部分が□の正方形の何こ分になるかを考えます。問題の図は正方形8こ分になります。

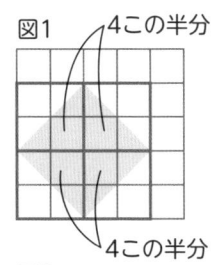

図1
4この半分
4この半分

⑦ 12こ分

④ 右の図1から，
16この半分
→8こ分

⑨ 右の図2から，
4この半分が4こ
と，半分が4こ
→10こ分

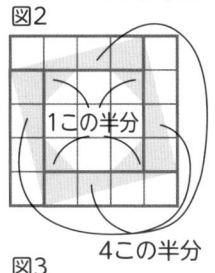

図2
1この半分
4この半分

図3
(6この半分)－1

㊀ 右の図3から，6
この半分が4こ
あって，そこから
4こをひく→8こ分

ですから，問題の図の色をつけた部分（正方形8こ分）と同じ広さのものは，④と㊀であるとわかります。

答え　④，㊀

## 33　8万に近い数 ..................... P35

(1) 一万の位（くらい）から順（じゅん）に大きい数字をあてはめます。すると，次のようになります。

| 一万 | 千 | 百 | 十 | 一 |
|---|---|---|---|---|
| ⋮ | ⋮ | ⋮ | ⋮ | ⋮ |
| 9 | 8 | 7 | 6 | 5 |

(2) 一万の位の8の次に大きい位のところ（千の位）には，なるべく小さい数字を，その次の位のところ（百の位）には，その次に小さい数字を，というふうにあてはめていきます。すると，次のようになります。

| 一万 | 千 | 百 | 十 | 一 |
|---|---|---|---|---|
| ⋮ | ⋮ | ⋮ | ⋮ | ⋮ |
| 8 | 0 | 1 | 2 | 3 |

(3) 一万の位の7の次に大きい位のところ（千の位）には，なるべく大きい数字を，その次の位のところ（百の位）には，その次に大きい数字を，というふうにあてはめていきます。すると，次のようになります。

| 一万 | 千 | 百 | 十 | 一 |
|---|---|---|---|---|
| ⋮ | ⋮ | ⋮ | ⋮ | ⋮ |
| 7 | 9 | 8 | 6 | 5 |

答え　(1) 98765　(2) 80123　(3) 79865

## 34 じゃんけんゲーム P36

かいとさんが「グー」で2回勝つと,

   10＋4＋4＝18（点）

ですが，3回のじゃんけんのあとの点数は16
点だったので，2点ひかれたことがわかります。
2点ひかれるのは，「チョキ」で負けたときです。
ですから，りかさんは「チョキ」で2回負けて，
「グー」で1回勝ったことになります。りかさん
もはじめに10点持っていたので，3回のじゃ
んけんのあとでは，

   10－2－2＋4＝10（点）

持っていることになります。

答え 10点

## 35 長方形の周<sub>まわ</sub>りの長さ P37

もとの長方形の長い辺<sub>へん</sub>3本と短い辺4本の合計
の長さが30cmであり，図のたての長さから，
長い辺は短い辺の2倍の長さであることがわか
ります。以上から，長い辺3本は短い辺6本と
同じ長さとなりますから，短い辺10本の合計
の長さが30cmであることがわかります。
したがって，短い辺の長さは,

   30÷10＝3（cm）

ですから，長い辺の長さは6cmとなり，もと
の長方形の紙の周<sub>まわ</sub>りの長さは,

   3×2＋6×2＝18（cm）

となります。

答え 18cm

## 36 3種類のおもり ······················ P38

(1) 問題の図の右のてんびんで, ■■と●●●
● がつり合っていますから, ■と●●がつ
り合うことがわかります。
ですから, [＿＿＿]には**ウ**が入ります。

(2)  は, (1)より, ■を●●
に置きかえることができるので,

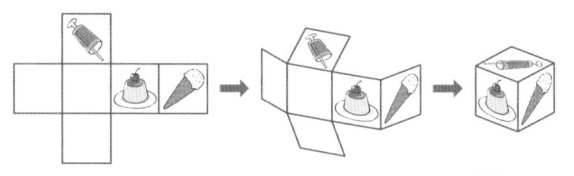 になります。両方から

●●を取ると,

▲▲▲　　　● になり, ●と▲▲▲が

つり合うことがわかります。
ですから, [＿＿＿]には**オ**が入ります。

**答え** (1) **ウ**　　(2) **オ**

## 37 組み立てよう ······················ P39

3つの面が1つのちょう点に
集まるものは, **い**か**う**です。
**い**を組み立てると右のように
なり, 問題の絵とはちがいます。
**う**を組み立てると, 次のようになります。

**答え** **う**

## 38 数の問題 ······················ P40

(1) 2つの数を7と○として考えます。
7×○に44をたすと100になるので,

7×○は56になります。ですから, ○は8
になります。

(2) 195÷2＝97あまり1ですから, 2つの数
は97と98になります。

(3) 右のように, 5＋6＋7は,
3つの数のうち, 真ん中の
数6の3倍が, 3つの数の
和になっています。ですか
ら, 3つの連続した数の和
が57のとき,

> 5＋6＋7
> ↖
> 1をうつすと,
> ↓
> 6＋6＋6
> ⎵
> 6×3

57÷3＝19なので, 19が真ん中の数とな
ります。つまり, 3つの連続した数は, 18,
19, 20です。

**答え** (1) 8　　(2) 97, 98　　(3) 18, 19, 20

## 39 バスケットボールの試合 ··· P41

(1) 1位は3回勝った**ア**で, **イ**～**カ**は, 1回
勝つか1度も勝てていません。**①**, **④**より,
白は2回勝っているので, **イ**～**カ**ではあ
りませんから, 1位の**ア**は白とわかります。
2位は1回勝って1回負けた**カ**です。**①**よ
り, 白(**ア**)は黒に勝ち, **③**より, 赤は黒
に負けたので, 黒は1回勝って1回負けた
ことになります。**オ**も1回勝って1回負け
ていますが, 白(**ア**)と試合をしていない
ので, 2位の**カ**が黒とわかります。

(2) **④**より, 白(**ア**)は2回戦で緑に勝ったので,
**ウ**は緑になります。**③**より, **オ**が赤, **②**よ
り**エ**が青と決まり, 残りの**イ**が黄となり
ますから, 1度も勝てなかったチームのユ
ニフォームの色は, **イ**, **ウ**, **エ**の黄, 緑,
青です。

**答え** (1) 1位のユニフォームの色…白
2位のユニフォームの色…黒
(2) 黄, 緑, 青

## 40 もとの長方形の周りの長さ ·········P42

下の図で，折った**あ**と**い**は同じ長さで，2＋3＋2＝7（cm）ですから，大きな長方形のたての長さは7cmです。横の長さは，（**あ**＋2cm）ですから，7＋2＝9（cm）です。したがって，大きな長方形の周りの長さは，

　7＋7＋9＋9＝32（cm）

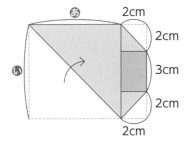

答え　32cm

## 41 路線図 ······················P43

下の図の3つのルートで考えます。

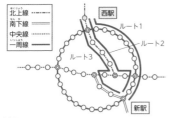

かかる料金を考えます。**3**より料金は，西駅から新駅までの駅の数で決まります。ルート1は13駅，ルート2は10駅，ルート3は10駅なので，いちばん安いのはルート2またはルート3です。

料金は，5番目の駅まで150円で，そのあとは2駅ごとに30円ずつ高くなるので，7駅まで180円，9駅まで210円，11駅まで240円です。したがって10駅では240円となります。

次に，料金がいちばん安くなるルート2とルート3のかかる時間を考えます。この2つのルートは，どちらも3つの路線に乗りますが，北上

線で5駅進み，中央線で2駅進むのは同じです。ちがうのは，一周線で3駅進むか，南下線で3駅進むかです。駅と駅の間にかかる時間は，南下線より一周線のほうが短いので，ルート2のほうが新駅に早く着きます。

ルート2のかかる時間は，

　北上線で4×5＝20（分）

　北上線から中央線に乗るのに5分

　中央線で3×2＝6（分）

　中央線から一周線に乗るのに5分

　一周線で3×3＝9（分）

したがって，20＋5＋6＋5＋9＝45（分）

答え
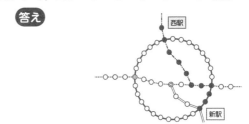

かかる時間…45分，料金…240円

## 42 正三角形と正方形 ···········P44

下の図のように，正三角形の3つの辺の長さが2cmずつ長いので，合わせて，

2＋2＋2＝6（cm）長くなります。

下の図の太い辺の長さは同じなので，この6cmが正方形の1辺の長さとなります。

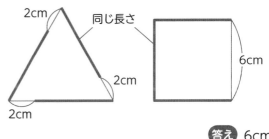

答え　6cm

## 43 ならんだ○の数の和 ·········· P45

1から8までの数の和は，

$1+2+3+4+5+6+7+8=36$

で，たて，横（または，大きな円，小さな円）で，8つの○の中の数を1回ずつかぞえていることになります。8つの○の中の数の和は36で，たてと横（または，大きな円，小さな円）の4つの数の和は同じなので，それぞれの4つの数の和は，$36÷2=18$です。

ⓊＵ＋ⓄＵ＝$18-$ⒶＵ$-$ⓀＵ＝$18-1-2=15$

ですから，ⓊＵとⓄＵは，7か8になります。

ⒾＵ＋ⓊＵ＝$18-$ⒶＵ$-$ⒺＵ＝$18-1-3=14$

ですから，ⒾＵとⓊＵは，6か8になります。

このことから，ⓊＵが8，ⓄＵが7，ⒾＵが6となり，

ⓀＵ＝$18-$ⒺＵ$-$ⓀＵ$-$ⒾＵ＝$18-3-4-6=5$

このとき，たて，横，大，小の円の4つの数の和が，すべて18となります。

**答え**

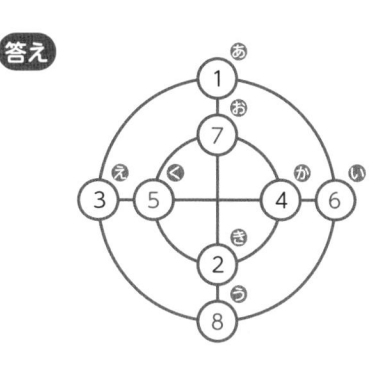

## 44 読書時間 ······················· P46

(1) 60時間の読書を30日間でするので，1日の読書時間は，$60÷30=2$（時間）

(2) 読書時間は，1日目は1時間，2日目は2時間，3日目は4時間となります。4日目は，1日目の1時間にもどります。5日目は2時間，6日目は4時間で，7日目は1日目の1時間にもどります。これをくり返すので，1週間の読書時間の合計は，

$1+2+4+1+2+4+1=15$（時間）

(3) (2)より，3日間の読書時間は，

$1+2+4=7$（時間）

合計60時間の読書をするので，

$60÷7=8$あまり4ですから，3日間の読書時間が8回くり返されるので，

$3×8=24$（日）の間に，$7×8=56$（時間）の読書をしたことになります。

25日目は1時間にもどるので，

25日目…$56+1=57$（時間）

26日目…$57+2=59$（時間）

27日目…$59+4=63$（時間）

となり，こうじさんが60時間読書をしたことになるのは27日目とわかります。

**答え** (1) 2時間　　(2) 15時間　　(3) 27日目

## 45 辺の長さ ········· P47

(1) 下の図のように，図1と図2の周りの長さが，辺㋐㋑と辺㋐㋓がいくつ分なのかを考えます。

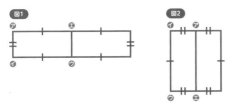

図1は辺㋐㋑2つ分と辺㋐㋓4つ分。
図2は辺㋐㋑4つ分と辺㋐㋓2つ分。

ですから，図1のほうが，辺㋐㋓が2つ分多く，図2のほうが辺㋐㋑が2つ分多くなります。

辺㋐㋑より辺㋐㋓のほうが長いので，図1のほうが，辺㋐㋓2つ分から辺㋐㋑2つ分をひいた分だけ長いとわかります。

そのちがいは26 − 22 = 4（cm）であり，これは辺㋐㋓2つ分から辺㋐㋑2つ分をひいた長さなので，1つ分の長さの差は，

4 ÷ 2 = 2（cm）です。

(2) 図1の周りの長さは，辺㋐㋑2つ分と辺㋐㋓4つ分です。辺㋐㋓は辺㋐㋑より2cm長いので，辺㋐㋓4つ分と辺㋐㋑4つ分の長さの差は，2 × 4 = 8（cm）となり，辺㋐㋓4つ分の長さを辺㋐㋑で表すと，

（辺㋐㋑4つ分）+ 8cm

図1の周りの長さを辺㋐㋑で表すと，

（辺㋐㋑6つ分）+ 8cm

図1の周りの長さは26cmなので，辺㋐㋑6つ分の長さは，26 − 8 = 18（cm）

ですから，辺㋐㋑の長さは，

18 ÷ 6 = 3（cm）です。

**答え** (1) 2cm (2) 3cm

## 46 筆算を完成させよう！ ········· P48

7㋐ × 3の答えの一の位が7なので，㋐は9と決まり，㋒は2，㋓は3とわかります。

また，79 × ㋑ の答えが2けたですから，㋑は1と決まり，㋔は7，㋕は9とわかります。

ですから，右のような筆算になります。

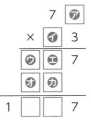

**答え**

## 47 にせものの金貨 ········· P49

❸より，㋐，㋔2まいのほうが，㋑，㋕2まいより重いので，㋑か㋕，または，㋑と㋕の両方がにせものとわかります。

㋑と㋕の両方がにせものだとすると，❶と❷ではつり合いませんから，どちらかがにせもので，どちらかが本物です。また，❸より，㋐と㋔は本物です。

- ●㋑がにせもので，㋕が本物だとすると，❷より，㋓がにせものとなります。すると，❶では㋓がにせもので㋐㋒㋕は本物となり，つり合いません。
- ●㋑が本物で，㋕がにせものだとすると，❷より㋓は本物です。

ですから，❶より，㋒と㋕がにせものとわかります。

**答え** ㋒，㋕

87

## 48 向きをかえて歩こう ............ P50

(1) 歩く向きと道のりは，右の
ようになっていて，西向き
のときに歩く道のりが4で
わりきれる数になります。
12は4でわりきれる数で
すから，まっすぐにちょう
ど12m歩くのは，西向き
に進んでいるときです。

| | |
|---|---|
| 北へ | 1 m |
| 東へ | 2 m |
| 南へ | 3 m |
| 西へ | 4 m |
| 北へ | 5 m |
| 東へ | 6 m |
| 南へ | 7 m |
| 西へ | 8 m |
| | ⋮ |

(2) 1＋2＋3＋4＋5＋6＋7＋8＋9＋10＝
55ですから，点あから55m歩いたときは，
下の図のように，次は南に向きをかえて
11m歩こうとしています。
南に向きをかえて5m歩いた場所は，点あ
から見ると東になりますから，60m歩いた
ときは，点あから東へ6mの場所にいます。

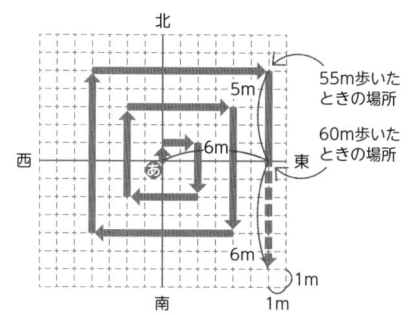

**答え** (1) 西向き

(2) 点あから 東 へ 6 mの場所にいます。

## 49 アンケート ............ P51

(1) テレビを見なかった人は7人ですから，テ
レビを見た人は，40－7＝33（人）です。
ニュースを見た人は20人ですから，テレビ
を見た人の中で，ニュースを見なかった人
は，33－20＝13（人）です。

(2) 下のように表にしてみます。

| | | ニュース | | 合計 |
|---|---|---|---|---|
| | | 見た | 見なかった | |
| ドラマ | 見た | あ | い | 16 |
| | 見なかった | う | 8 | え |
| 合計 | | 20 | 13 | 33 |

い＝13－8＝5（人）ですから，ニュース
もドラマも見た人（あに入る人数）は，
16－い＝16－5＝11（人）

**答え** (1) 13人　　(2) 11人

## 50 時間の問題 …………………P52

家を出た時こくを⊕，学校に着いた時こくを着
とすると，下の図のようになります。

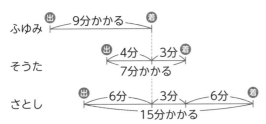

ふゆみさんが学校に着いた時こくより，何分前
にこの3人が家を出たかを上の図から求めると，
ふゆみさんは9分前，そうたさんは4分前，さ
としさんは6分前となるので，(1)いちばん早く
家を出たのはふゆみさん。(2)いちばんおそく家
を出たのはそうたさんです。

**答え** (1) ふゆみさん　　(2) そうたさん

## 51 マラソン大会 ………………P53

(1) 次のように，順に考えていきます。

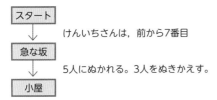

けんいちさんは，前から7番目だったのが
5人にぬかれて，

　7＋5＝12（番目）

3人をぬきかえしたので，小屋のところで
は前から，12－3＝9（番目）となります。

(2)
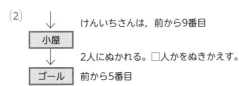

小屋からゴールまで，2人にぬかれて，

　9＋2＝11（番目）

ここから，□人かをぬきかえしたので，

　11－□＝5（番目）

ですから，6人をぬきかえしてゴールした
ことがわかります。

**答え** (1) 9番目　　(2) 6人

## 52 重ねた紙 ………………………P54

次の図のように，三角形の紙を1まいずつはが
してみるつもりで考えていきます。

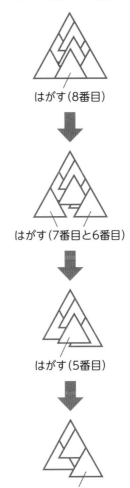

はがす（8番目）

↓

はがす（7番目と6番目）

↓

はがす（5番目）

↓

4番目にのせた紙

**答え**

## 53 2つのかけ算の筆算 ・・・・・・・・・・・ P55

あ △×△の一の位（くらい）が9になるのは，3×3か7×7のときです。

- △が3のとき

  ```
    ◎3
  ×  3
  ────
    39
  ```
  となり，◎を1とすれば，

  ```
    13
  ×  3
  ────
    39
  ```
  となって，うまくいきます。

- △が7のとき

  ```
    ◎7
  ×  7
  ────
    79
  ```
  となり，79は7でわりきれません

  から，うまくいきません。

ですから，◎は1，△は3です。

い ◇×◇の一の位が4になるのは，2×2か，8×8のときです。

- ◇が2のとき

  ```
    ☆☆2
  ×    2
  ──────
  6♡♡4
  ```
  で，答えの千の位が6になること

  はありませんから，うまくいきません。

- ◇が8のとき

  ```
    ☆☆8
  ×    8
  ──────
  6♡♡4
  ```
  で，☆が7，♡が2のとき，

  ```
    778
  ×    8
  ──────
  6224
  ```
  となり，うまくいきます。

ですから，☆は7，◇は8，♡は2です。

答え ◎…1，△…3，☆…7，◇…8，♡…2

## 54 正しい時こくは？ ・・・・・・・・・・・ P56

時計（とけい）は3分おくれているので，午後2時のチャイムを鳴らしたときの正しい時こくは午後2時3分です。それから10分たっているのですから，今の正しい時こくは午後2時13分となります。

答え 午後2時13分

## 55 席順（せきじゅん） ・・・・・・・・・・・・・・・・・・・・・・・・・・・・ P57

❶の人が話せるのは日本語ですから，

❷－❶－❸　　❸－❶－❷

のようにとなり合います。また，

　ドイツ語が話せるので，❺－❼

　イタリア語が話せるので，❻－❼

　スペイン語が話せるので，❸－❺

のようにとなり合いますから，

❸－❺－❼－❻のようにつながります。

このとき，残った❹の人は，❷－❹－❻とつながります。

答え

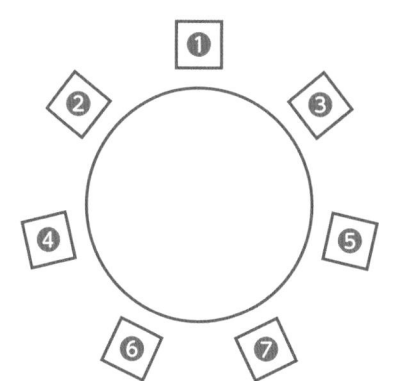

または

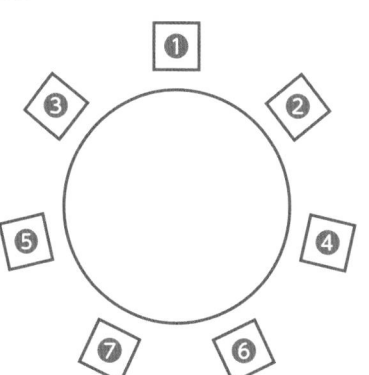

## 56 糸電話の相手 ……… P58

(1) **あ**…箱を組み立てたと
き，パンダとは，糸電
話で右の図のようにつ
ながるので，**あ**はあて
はまりません。

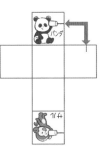

**い**…パンダとは，糸電
話で右の図のようにつ
ながるので，**い**はあて
はまりません。

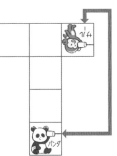

**う**…パンダとサルは糸
電話でつながるので，
**う**があてはまります。

(2) 糸電話は右の図のよう
になります。**こ**にネコ
の絵を入れて箱を組み
立てると，次のように
なります。

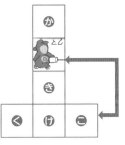

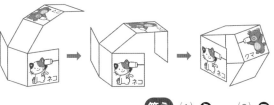

**答え** (1) **う** (2) **こ**

## 57 バスの時こく表 ……… P59

2つのバス停の間は，バスで8分かかりますの
で，バスの発着時こくは，次のようになります。

北町行きのバス

| 学校前 | | 病院前 |
|---|---|---|
| 6 時 13 分 | ← | 6 時 05 分 |
| 6 時 36 分 | ← | 6 時 28 分 |
| 7 時 05 分 | ← | 6 時 57 分 |
| 7 時 28**ア** 分 | ← | 7 時 20 分 |
| 7 時 44 分 | ← | 7 時 36**ウ** 分 |
| 8 時 01 分 | ← | 7 時 53 分 |
| 8 時 18 分 | ← | 8 時 10 分 |
| 8 時 33 分 | ← | 8 時 25 分 |
| ⋮ | | ⋮ |

南町行きのバス

| 学校前 | | 病院前 |
|---|---|---|
| 6 時 25 分 | → | 6 時 33 分 |
| 6 時 54**イ** 分 | → | 7 時 02 分 |
| 7 時 19 分 | → | 7 時 27**エ** 分 |
| 7 時 48 分 | → | 7 時 56 分 |
| 8 時 04 分 | → | 8 時 12 分 |
| 8 時 22 分 | → | 8 時 30 分 |
| ⋮ | | ⋮ |

**答え** **ア**…28，**イ**…54，**ウ**…36，**エ**…27

## 58 動物園のサル ……… P60

右の図のように考え
ると，オスのサルは，
　　35 − 5 = 30（ぴき）
　　30 ÷ 2 = 15（ひき）
で，15ひきです。

オス ┣━━━━━┫ ┐あわ
メス ┣━━━━┫ ┤せて
　　　　　　　　┘35ひき
オスとメスの　　5ひき
数が同じ

外にいるオスは6ぴきですから，小屋の中にい
るオスは，15 − 6 = 9（ひき）です。

**答え** 9ひき

91

## 59 暗号表 ......... P61

(1) 暗号表❶では、「あいうえお表」のたての列の数と横の列の数を組み合わせて暗号を作っています。「うめ」の「う」は、たての列が「1」、横の列が「3」なので「13」です。

| | 1 | 2 | 3 | 4 | 5 |
|---|---|---|---|---|---|
| 1 | あ | い | う | え | お |
| 2 | か | き | く | け | こ |
| 3 | さ | し | す | せ | そ |
| 4 | た | ち | つ | て | と |
| 5 | な | に | ぬ | ね | の |
| 6 | は | ひ | ふ | へ | ほ |
| 7 | ま | み | む | め | も |
| 8 | や | | ゆ | | よ |
| 9 | ら | り | る | れ | ろ |
| 10 | わ | | | | を |
| 11 | ん | | | | |

このように読むと、「11」は「あ」、「81」は「や」、「74」は「め」です。

(2) 「す」は33、「い」は12、「せ」は34、「ん」は111ですから、〈33、12、34、111〉となります。

(3) 暗号表❷では、5303が「ゆ」ですが、これは5303を「5＋3、0＋3」と考えて「83」で「ゆ」となります。同じように考えると1102は「1＋1、0＋2」と考えて「22」で「き」、2012

| | 1 | 2 | 3 | 4 | 5 |
|---|---|---|---|---|---|
| 1 | あ | い | う | え | お |
| 2 | か | き | く | け | こ |
| 3 | さ | し | す | せ | そ |
| 4 | た | ち | つ | て | と |
| 5 | な | に | ぬ | ね | の |
| 6 | は | ひ | ふ | へ | ほ |
| 7 | ま | み | む | め | も |
| 8 | や | | ゆ | | よ |
| 9 | ら | り | る | れ | ろ |
| 10 | わ | | | | を |
| 11 | ん | | | | |

は「2＋0、1＋2」と考えて「23」で「く」となります。

(4) (3)と同じように考えると、

$2032 →$「$2＋0、3＋2$」→「25」「こ」
$3030 →$「$3＋0、3＋0$」→「33」「す」
$4305 →$「$4＋3、0＋5$」→「75」「も」
$1221 →$「$1＋2、2＋1$」→「33」「す」

となります。

**答え** (1) あやめ
(2) 33、12、34、111
(3) きく　　(4) こすもす

---

## 60 7ひきの行進 ......... P62

ブタの話から、ブタは前から5番目とわかります。

| | 1 | 2 | 3 | 4 | 5 | 6 | 7 | |
|---|---|---|---|---|---|---|---|---|
| (前) | | | | | ブタ | | | (後ろ) |

ネズミの話から、タヌキ、ネズミ、ネコの3びきはこの順にまとまっていることがわかりますから、この3びきは1、2、3番目か2、3、4番目となります。

ここで、タヌキの話から、タヌキは1番目ではないので、次のようになります。

| | 1 | 2 | 3 | 4 | 5 | 6 | 7 | |
|---|---|---|---|---|---|---|---|---|
| (前) | | タヌキ | ネズミ | ネコ | ブタ | | | (後ろ) |

リスの話から、リスのすぐ前はキツネなので、6番目がキツネ、7番目がリスとなります。残ったイヌがいちばん前となります。

**答え** (行進した順に、)イヌ→タヌキ→ネズミ→ネコ→ブタ→キツネ→リス

## 61 白と黒の積み木 ············ P63

(1) ☆の部分の積み木は黒なので，となり合う積み木が色ちがいになるように考えていくと，下の図のようになります。

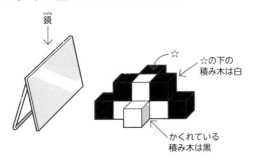

鏡

☆

☆の下の積み木は白

かくれている積み木は黒

上の図から，黒の積み木が全部で6こになります。

(2) 上の図の積み木を，鏡を置いてあるところから見ると①の図のようになります。
鏡には左右が反対にうつるので，②の図のようになります。

①

②
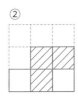

答え (1) 6こ　　(2) 上の図

## 62 3人のかさ ············ P64

3人の話を表にすると，次のようになります。

| | かさの色 | | | かさのもよう | | |
|---|---|---|---|---|---|---|
| | 赤 | 青 | ピンク | ⑦ | ⑦ | ⑦ |
| きよ子さん | × | | | × | | |
| なおみさん | | | | | | |
| さちえさん | × | × | | × | | |

表から，なおみさんのかさの色は赤，もようは⑦であることと，さちえさんのかさの色はピンクであることがわかります。

すると，きよ子さんのかさの色が青で，さちえさんの話より，青いかさのもようは⑦ではないので，きよ子さんのかさのもようは⑦であることがわかります。

ですから，さちえさんのかさのもようは，⑦であることがわかります。

答え

| | かさの色 | かさのもよう |
|---|---|---|
| きよ子さん | 青 | ⑦ |
| なおみさん | 赤 | ⑦ |
| さちえさん | ピンク | ⑦ |

## 63 折り紙を切ってできるもよう ············ P65

図のもようを❷～❹の順に折っていって，❺のときにどのように切り取ればよいかを考えます。

❷  → ❸  → ❹  → ❺

答え

3つの表から，「あるきまり」が，次のようになることがわかります。

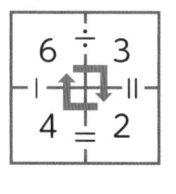 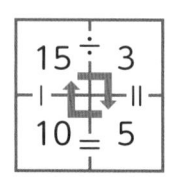 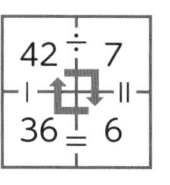

(1) $\dfrac{18\ \text{あ}}{\text{い}\ 6}$ とすると，18÷あ＝6ですから，あ

は3になります。（18÷6＝3）

18－い＝6ですから，いは12になります。
（18－6＝12）

(2) $\dfrac{\text{う}\ 5}{\text{え}\ 7}$ とすると，う÷5＝7ですから，うは

35になります。（7×5＝35）

35－え＝7ですから，えは28になります。
（35－7＝28）

(3) $\dfrac{\text{お}\ 4}{9\ \text{か}}$ とすると，お÷4＝か，お－9＝かと

なるお，かの数を見つければよいことがわかります。おは，9より大きい数ですから10から順に数をあてはめてみると，おが12のときかが3になり，うまくあてはまります。

おが12より大きいと，お÷4よりお－9のほうが大きい数になってしまい，うまくいきません。（例えば，16をあてはめてみると16－9＝7）

 (1)

| 18 | 3 |
|----|---|
| 12 | 6 |

(2)

| 35 | 5 |
|----|---|
| 28 | 7 |

(3)

| 12 | 4 |
|----|---|
| 9 | 3 |

(1) 右のような対戦表を作ってみます。表の中の数字は試合が行わ

|  | はるお | なつこ | あきお | ふゆみ |
|---|---|---|---|---|
| はるお |  | 2 |  |  |
| なつこ | 2 |  |  | 1 |
| あきお |  |  |  |  |
| ふゆみ |  | 1 |  |  |

れる日を表しています。まず，問題の2つの組み合わせを，表の中に書きこみます。

ここで，なつこさんの列に注目すると，1と2があるので空い

|  | はるお | なつこ | あきお | ふゆみ |
|---|---|---|---|---|
| はるお |  | 2 |  |  |
| なつこ | 2 |  | 3 | 1 |
| あきお |  | 3 |  |  |
| ふゆみ |  | 1 |  |  |

ているあきおさんのところに3が入り，なつこさんはあきおさんと3日目に試合をしたことがわかります。

(2) (1)で，なつこさんとあきおさんが3日目に試合をしたことがわかりました。1日につき，必ず1人1試合だけするので，はるおさんとふゆみさんも3日目に試合をしたことがわかります。

|  | はるお | なつこ | あきお | ふゆみ |
|---|---|---|---|---|
| はるお |  | 2 | 1 | 3 |
| なつこ | 2 |  | 3 | 1 |
| あきお | 1 | 3 |  | 2 |
| ふゆみ | 3 | 1 | 2 |  |

**答え** (1) 3日目　　(2) 3日目

㋕が9，㋙が4なので，次のようになります。

㋐　㋑　㋒　㋓

＋　㋔　9　㋖　㋓

㋐　㋗　㋘　㋑　4

4けたどうしのたし算で答えが5けたになることがわかります。0から9までことなる整数が1つずつ入るので，くり上がった㋐は1です。㋔は8か9ですが，㋕が9なので，㋔は8です。そして，㋑＋㋕（㋑＋9）はくり上がりのあるたし算となります。また，㋗が0となります。ですから，次のようになります。

1　㋑　㋒　㋓

＋　8　9　㋖　㋓

1　0　㋘　㋑　4

ここで，㋙が4なので㋓は2か7です。
残りの整数は，2，5，6，7であり，㋓が2のとき，次のようになります。

1　㋑　㋒　2

＋　8　9　㋖　2

1　0　㋘　㋑　4

㋑は㋒＋㋖の結果の一の位になります。残った3，5，6，7について，

3＋5＝8，3＋6＝9，3＋7＝10，
5＋6＝11，5＋7＝12，6＋7＝13

ですから，あてはまるのは㋒と㋖が6と7，㋑が3のときですが，3＋9＋1＝13となるので，㋘も3となり，あてはまりません。

㋓が7のとき，次のようになります。

---

1　㋑　㋒　7

＋　8　9　㋖　7

1　0　㋘　㋑　4

㋑は㋒＋㋖の結果の一の位にくり上がりの1をたした数になります。残った2，3，5，6について，

2＋3＋1＝6，2＋5＋1＝8，
2＋6＋1＝9，3＋5＋1＝9，
3＋6＋1＝10，5＋6＋1＝12

ですから，次のどちらかになります。

① ㋒と㋖が2と3で㋑が6
② ㋒と㋖が5と6で㋑が2

①のとき，次のように㋘が5となり，残りの数もあてはまります。

1　6　2　7

＋　8　9　3　7

1　0　5　6　4

②のとき，次のように㋗も2となり，あてはまりません。

1　2　5　7

＋　8　9　6　7

1　0　2　2　4

**答え** ㋐…1　㋑…6　㋗…0　㋘…5

## 67 合唱コンクールの順番 ……… P69

A ～ G が歌った順を○を並べて示しましょう。

(1) ❷, ❸, ❻ より, G○○○BC の順で歌った
ことがわかり, ❹ について考えると, B と E
の間に2校あるので, GE○○BC の順とわ
かります。

(2) ❶ より, A と D は続けて歌っているので,
GEADBC の順であるとわかります。

(3) ❺ より, FGEADBC の順で歌ったとわかり
ます。❼ より最ゆうしゅう賞を受賞した小
学校は B 校です。

**答え** (1) E校　　(2) D校　　(3) B校

## 68 バスと電車で行く方法 ……… P70

(1) バスはおうふくで, 120 × 2 = 240 (円)
かかります。12回となり町へ行くと, 240
× 12 = 2880 (円) ですから, 定期けんを
買うほうが80円安くなります。

(2) 電車の回数けんをおうふく分買うと, 1200
× 2 = 2400 (円) で, となり町に11回行
くことができます。残りの1回をバスに乗
ると, 2400 + 120 × 2 = 2640 (円) です。
よって, 11回は電車の回数けん, 1回はバ
スを使うといちばん安くなります。

**答え** (1) 定期けんを買うほうが80円安い。
　　　　(2) 11回は電車の回数けんを使い,
　　　　　　1回はバスを使う。

## 69 4種類のおもり ……… P71

(1) ⓐ より, □□□□ と ○○○○ がつり合いま
すから, ⓘ とくらべると,
○○○○ = ◎◎◎ です。ですから, ◎1こ
と○2こがつり合います。

(2) ⓒ で, ○○ を ◎ にかえると,
◎△△ = ◎◎◎ となりますから, ◎1こと
△1こがつり合います。

(3) ⓘ で, ◎ を ○○ にかえると,
○○○○○○ = □□□□ ですから, 右の皿
に○を6こかき入れます。

**答え** (1) 2こ　　(2) 1こ

(3)
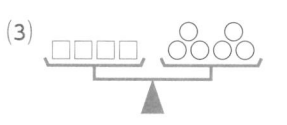

## 70 すべての点を通ろう ……… P72

(1) 1本の線でつながるようにします。
答えのように, 何通りか考えられます。

(2) (1)よりむずかしいですが, いろいろと試し
ていくうちに, 答えが見つかります。

**答え** (1)

(2)

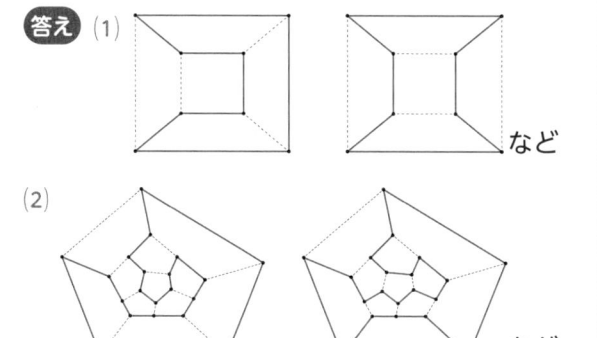

など